智慧农业：科技支撑农业农村高质量发展

ZHIHUI NONGYE：KEJI ZHICHENG
NONGYE NONGCUN GAOZHILIANG FAZHAN

马丽婷◎编著

U0213650

甘肃科学技术出版社

图书在版编目（CIP）数据

智慧农业:科技支撑农业农村高质量发展 / 马丽婷
编著. -- 兰州 : 甘肃科学技术出版社,2021.12(2023.10重印)
ISBN 978-7-5424-2919-3

Ⅰ．①智… Ⅱ．①马… Ⅲ．①信息技术－应用－农业
Ⅳ．①S126

中国版本图书馆CIP数据核字(2021)第266269号

智慧农业:科技支撑农业农村高质量发展

马丽婷 编 著

项目策划	杨丽丽
项目团队	星图说

责任编辑	杨丽丽
封面设计	陈妮娜

出 版 甘肃科学技术出版社
社 址 兰州市城关区曹家巷1号 730030
电 话 0931-2131576(编辑部) 0931-8773237(发行部)

发 行 甘肃科学技术出版社 印 刷 甘肃发展印刷公司
开 本 880毫米×1230毫米 1/32 印 张 9 字 数 195千
版 次 2022年6月第1版
印 次 2023年10月第3次印刷
印 数 19001~20000
书 号 ISBN 978-7-5424-2919-3 定 价 23.90元

目录
Contents

智慧农业：科技支撑农业农村高质量发展

第一章

细说农业物联网

第一节　农业物联网的概念和内涵

一、物联网

物联网（Internet of Things，IoT）最早是由麻省理工学院阿什顿（Ashton）教授1999年在研究射频识别时提出的。2003年，SUN公司发表文章介绍了物联网的基本工作流程并提出解决方案。2008年11月，IBM提出"智慧地球"的发展战略，受到美国政府的高度重视，奥巴马对"智慧地球"的构想做出了积极回应。2009年8月，温家宝视察无锡时提出"感知中国"的理念，使物联网在国内引起高度重视，成为继计算机、互联网、移动通信之后新一轮信息产业浪潮的核心领域。

目前公认的物联网定义是国际电信联盟给出的。国际电信联盟认为，物联网是通过智能传感器、射频识别（RFID）、激光扫描仪、全球定位系统（GPS）、遥感等信息传感设备及系统和其他基于物—物通信模式（M2M）的短距无线自组织网络，按照约定的协议，把任何物品与互联网连接起来，进行信息交换和通信，以实现智能化识别、定位、跟踪、监控和管理的一种巨大智能网络。

国内，工业和信息化部电信研究院认为物联网是通信网和互联网的拓展应用和网络延伸，它利用感知技术与智能装备对物理世界进行感知识别，通过网络传输互联，进行计算、处理和知识挖掘，实现人与物、物与物信息交互和无缝链接，达到对物理世界实时控制、精确管理和科学决策的目的。

我们可以看出两个定义虽有文字差异，但本质上没有区别，物联网需要利用感知技术对物理世界进行感知和识别，通过网络互联，进行传输、计算、处理和知识挖掘，实现对物理世界实时控制、精确管理和科学决策，包含感知、传输、处理和应用 4 个层次。

二、农业物联网

经过十几年的发展，物联网技术与农业领域应用逐渐紧密结合，形成了农业物联网的具体应用。目前，官方尚没有关于农业物联网的定义，农业物联网是物联网技术在农业生产、经营、管理和服务中的具体应用，就是运用各类传感器、射频识别、视觉采集终端等感知设备，广泛地采集大田种植、设施园艺、畜禽养殖、水产养殖、农产品物流等领域的现场信息，通过建立数据传输和格式转换方法，充分利用无线传感器网络、电信网和互联网等多种现代信息传输通道，实现农业信息的多尺度的可靠传输，最后将获取的海量农业信息进行融合、处理，并通过智能化操作终端实现农业的自动化生产、最优化控制、智能化管理、系统化物流、电子化交易，进而实现农业集约、高产、优质、高效、生态和安全的目标。

第二节　物联网发展历史

"物联网"的概念提出于 1999 年，其定义十分简单，就是把所有物品通过射频识别等信息传感设备与互联网连接起来，实现智能管理。物联网的核心和基础是互联网，不过用户端不仅局限于个人电脑，而是延伸到任何需要实时管理的物品和物品之间。

物联网之所以能够把"物"和互联网结合起来，其中射频识别（英文简称为 RFID，常见的应用如电子标签）是最关键的技术，它可以快速读写、长期跟踪管理，被认为是 21 世纪最有发展前途的信息技术之一。虽然好多人对 RFID 还稍显陌生，但毫不夸张地说，RFID 的未来推广将极大改变我们的生活。比如，在公路收费站，如果采用了 RFID 技术，汽车在行驶过程中即可完成鉴别收费，根本不需要每辆车排队交费；再比如，在超市购物交费时，如果采用了 RFID 技术，推着满满的购物车，只要从收银台前一过，即可完成所有的结算，完全省却了营业员一件一件物品扫描结账的工作。

物联网在现代农业领域的应用包括：监视农作物灌溉情况；监测土壤空气变更、畜禽的环境状况以及大面积的地表检测；收集温度、湿度、风力、大气、降雨量等数据信息；测量有关土地的湿度、氮浓缩量和土壤 pH 等，从而进行科学预测，帮助农民抗灾、减灾，科学种植，提高农业综合效益。物联网最近几年在设施农业中的运用卓有成效，如种植经济作物的农场安装一套物联网系统，可以实时追踪作物的状况，还可以根据空气和土壤的状况，自动触发相关行为，如浇水或调节温度。

尽管设施农业在我国已经取得成绩，但是相比发达国家仍存在很大差距，平均单位产量低于国外，但单位产量成本大于国外，由于不合理地使用农药，产品质量与国外发达国家水平也还存在一定差距。其落后的主要原因是资金缺乏、设施农业技术装备落后；没有获取专家指导的途径，大多沿袭传统的种植方法，生产管理粗放；设施的智能化水平低等。

物联网如何与设施农业发展相结合，可以在两个层次上进行深入研究：

一个层面是研制智能化监控、人工辅助管理温室，适应于一般经济条件的农户提高温室栽培管理水平。即对智能化实时监控及动态决策方案通过人工管理加以实施。其关键技术主要包括温室综合环境实量监控系统、各种温室作物智能化管理决策系统、系列传感器、计算机芯片与机电一体化系统。此种方式可以根据用户需求，随时进行处理，为设施农业综合生态信息自动监测、对环境进行自动控制和智能化管理提供科学依据。通过模块采集温度传感器等信号，经由无线信号收发模块传输数据，实现对大棚温湿度的远程控制。

另一层面是研制智能化监控、自动化管理温室，适应于经济条件富裕的农户、设施农业企业以及示范展示，提高温室栽培管理水平。即对智能化实时监控及动态决策方案通过综合环境控制与电动执行器自动实施。其关键技术包括温室控制模式和计算机监控系统。其中，计算机监控系统采用由中心控制计算机、现场控制机、系列传感器、电动执行器和局端总线型数字通信网络等组成的分布式计算机监控系统，采用物联网技术，在温室生产中大量采用无线传感器管理、调控温度、湿度、光照、通风、二氧化碳补给、营养液供给及 pH、EC 值（用来测量溶液中可溶性盐浓度）等，使栽培条件达到最适宜水平，合理利用资源，提高产品的产量和质量，同时具有综合环境控制、肥水灌溉决策与控制、紧急状态处理和信息处理等功能。

物联网技术对于农业应用来说不是噱头而是机遇，物联网科技的发展也必将深刻影响现代农业的未来。

第三节　发展农业物联网的意义

一、物联网是推动信息化与农业现代化融合的重要切入点

党的十七届三中全会明确提出，发展现代农业，必须按照"高产、优质、高效、生态、安全"的要求，加快转变农业发展方式，推进农业科技进步和创新，加强农业物

质技术装备，健全农业产业体系，提高土地产出率、资源利用率和劳动生产率，将不断促进"农业技术集成化、劳动过程机械化、生产经营信息化"和"推进农业信息服务技术发展，重点开发信息采集、精准作业和管理信息、农村远程数字化和可视化、气象预测预报和灾害预警等技术"作为加快农业科技创新的重要内容。以信息传感设备、传感网、互联网和智能信息处理为核心的物联网必将在农业领域得到广泛应用，并将进一步促进信息技术与农业现代化的融合。

二、农业物联网是推动我国精细农业应用与实践的重要驱动力

精细农业是信息时代基于信息、知识和现代农业装备管理复杂农业生产系统的精耕细作、精细经营技术体系，是利用 3S 技术、传感技术、智能决策技术和变量作业智能化控制装备，对农业生产过程进行量化分析、智能决策、变量投入、定位操作的现代农业生产管理技术体系，它是 21 世纪农业产业科学经营、管理发展的重要方向之一。目前精细农业实施的最大障碍，仍然集中在农田信息高效、低成本获取传感技术以及基于信息和计算处理的智能化管理决策模型方法上。随着物联网的发展和应用，通过感知技术可以获取更多的信息，包括作物信息、农田环境信息、农机作业信息等，为精细农业提供更加丰富的实时信息，通过全面互联共享可以获得更多的网络服务，提高精细农业科学决策水平和作业实施水平。

三、农业物联网是农业信息化应用优先发展的领域

我国发展现代农业面临着资源紧缺与生态环境恶化的双重约束，面临着资源高投入和粗放式经营的矛盾，面临着农产品质量安全问题的严峻挑战，迫切需要加强以农业物联网为代表的农业信息化技术应用，实现农业生产过程中对动植物、土壤、环境从宏观到微观的实时监测，提高农业生产经营精细化管理水平，达到合理使用农业资源、降低生产成本、改善生态环境、提高农产品产量和品质的目的。从应用对象层面看，物联网在农业领域应当在土壤、水资源可持续利用，生态环境监测，农业生产过程精细管理，农产品与食品安全可追溯系统和大型农业机械作业服务调度、远程工况监测与故障诊断等领域优先发展；从技术层面看，物联网在农业领域应用，要优先在重点农业综合开发区发展 3S 基础设施与服务平台建设，突破适于农业生物与环境条件下使用的信息获取低成本传感技术、面向不同应用目标的信息智能化处理技术和科技成果产业化发展模式等关键共性问题等。

四、农业物联网将成为未来农业经济社会发展的重要方向

物联网技术作为信息产业的第三次浪潮，必将为改造传统农业，加快转变农业增长方式，发展高产、优质、高效、生态、安全的现代农业发挥重要作用，培育引领农业

的未来发展。《国家中长期科学和技术发展规划纲要》中，明确将"传感器网络及智能信息处理"作为"重点领域及其优先主题"；政府工作报告中，多次提到要加快物联网的研发应用，要着力突破物联网关键技术，及早部署后 IP 时代相关技术研发，使信息网络产业成为推动产业升级、迈向信息社会的"发动机"。

我国农业面临着新的发展机遇和挑战，要实现农业生产由粗放型经营向集约化经营方式的转变、由传统农业向现代农业的转变，必须瞄准世界农业科技前沿，大力发展现代农业信息技术，提升我国农业物联网技术研发与应用水平。农业物联网技术的发展，将会解决一系列在广域空间分布的信息获取、高效可靠的信息传输与互联、面向不同应用需求和不同应用环境的智能决策系统集成的科学技术问题，将是实现传统农业向现代农业转变的助推器和加速器，也将为培育物联网农业应用相关新兴技术和服务产业发展提供无限的商机。作为物联网重要分支之一的农业物联网也必将在我国具有广阔的应用前景。

第四节　农业物联网的网络架构

根据信息生成、传输、处理和应用的原则，可以把农业物联网分成感知层、传输层、处理层和应用层。图 1–1

展示了农业物联网的四层模型。

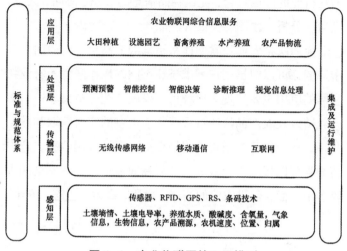

图1-1　农业物联网的四层模型

感知层是让物品对话的先决条件，即以传感器、RFID、GPS、RS（遥感）、条形码技术，采集物理世界中发生的物理事件和数据，包括各类物理量、身份标识、情境信息、音频、视频等数据，实现"物"的识别。

传输层具有完成大范围的信息传输与广泛的互联功能，即借助于现有的广域网技术（如SMDS网络、3G/4GLTE移动通信网、互联网等）与感知层的传感网技术相融合，把感知到的农业生产信息无障碍、快速、高安全、高可靠地传送到所需的各个地方，使物品在全球范围内能够实现远距离、大范围的通信。

处理层通过云计算、数据挖掘、知识本体、模式识别、预测、预警、决策等智能信息处理平台，最终实现信息技术与行业的深度融合，完成物品信息的汇总、协同、共享、互通、分析、预测、决策等功能。

应用层是农业物联网体系结构的最高层，是面向终端用户的，可以根据用户需求搭建不同的操作平台。农业物联网的应用主要实现大田种植、设施园艺、畜禽养殖、水产养殖以及农产品流通过程等环节信息的实时获取和数据共享，从而保证产前正确规划以提高资源利用效率，产中精细管理以提高生产效率，产后高效流通，实现安全溯源等多个方面，促进农业的高产、优质、高效、生态、安全。

第五节　农业物联网的特点

网络化、物联化、互联化、自动化、感知化、智能化是物联网的基本特征。

网络化：是物联网的基础。无论是 M2M（机器到机器）、专网，还是无线、有线传输信息，感知物体，都必须形成网络状态；不管是什么形态的网络，最终都必须与互联网相连接，这样才能形成真正意义上的物联网（泛在性的）。目前的物联网，从网络形态来看，多数是专网、局域网，只能算是物联网的雏形。

物联化：人物相联、物物相联是物联网的基本要求之一。电脑和电脑连接成互联网，可以帮助人与人之间的交流。而"物联网"，就是在物体上安装传感器、植入微型感应芯片，然后借助无线或有线网络，让人们和物体"对话"，让物体和物体之间进行"交流"。可以说，互联网完成了人与人的远程交流，而物联网则完成人与物、物与物的即时交流，进而实现由虚拟网络世界向现实世界的连接转变。

互联化：物联网是一个多种网络、接入、应用技术的集成，也是一个让人与自然界、人与物、物与物进行交流的平台，因此，在一定的协议关系下，实行多种网络融合，分布式与协同式并存，是物联网的显著特征。与互联网相比，物联网具有很强的开放性，具备随时接纳新器件、提供新的服务的能力，即自组织、自适应能力。

自动化：通过数字传感设备自动采集数据；根据事先设定的运算逻辑，利用软件自动处理采集到的信息，一般不需人为的干预；按照设定的逻辑条件，如时间、地点、压力、温度、湿度、光照等，可以在系统的各个设备之间自动地进行数据交换或通信；对物体的监控和管理实现自动的指令执行。

感知化：物联网离不开传感设备。射频识别（RFID）、红外感应器、全球定位系统、激光扫描器等信息传感设备，就像视觉、听觉和嗅觉器官对于人的重要性一样，它们是物联网不可或缺的关键元器件。

智能化：所谓"智能"，是指个体对客观事物进行合理分析、判断及有目的地行动和有效地处理周围环境事宜的综合能力。物联网的产生是微处理技术、传感器技术、计算机网络技术、无线通信技术不断发展融合的结果，从其"自动化""感知化"要求来看，它已能代表人、代替人"对客观事物进行合理分析、判断及有目的地行动和有效地处理周围环境事宜"，智能化是其综合能力的表现。

第二章

农业移动互联网技术与应用

第一节　农业移动互联网

农业移动互联网是互联网技术与移动通信技术完美融合的结果。由于农村居民移动通信的普及率要远远超过计算机的普及率，因此农业移动互联网应用将是农业信息传输的重要模式，也是未来农业信息传输的发展方向。

对于农业移动互联网目前并没有统一的定义。广义上是指移动终端（如手机、笔记本式计算机以及农业物联网系统专用设备等）通过移动通信网络访问互联网并使用农业互联网业务。狭义上讲，移动互联网专指通过手机等移动终端接入互联网及相应的农业服务。农业互联网和农业移动通信作为传统农业迈向以信息化为标志的现代农业的两个重要标志，分别对应着对大量信息资源的快速、高效访问和随时随地的信息监控，二者深度完美融合，才可以使传统农业真正进入信息化和数字化现代农业时代。

如今，移动互联网技术在农村已经广泛普及，在"十四五"期间，"移动互联网+"将极大助力推进农业农村现代化。中国互联网络信息中心（CNNIC）在京发布的第49次《中国互联网络发展状况统计报告》指出，截至2021年12月，我国网民规模达10.32亿，较2020年12月增长4296万，互联网普及率达73.0%。其中，农村网民规模已达 2.84 亿，农村地区互联网普及率为 57.6％，较 2020 年 12 月提升了 1.7 个百分点，城乡地区互联网普及率差异较 2020 年 12 月缩小 0.2 个百分点。农村网民中超过九成通过手机连接到互联网，移动互联网已经成为我国农村网民连接互联网的最主要渠道。

2019 年中共中央办公厅、国务院办公厅印发的《关于促进小农户和现代农业发展有机衔接的意见》中明确指出，要实施"互联网＋小农户"计划，加快农业大数据、物联网、移动互联网、人工智能等技术向小农户覆盖，提升小农户手机、互联网等应用技能，让小农户搭上信息化快车。推进信息进村入户工程，建设全国信息进村入户平台，为小农户提供便捷高效的信息服务。鼓励发展互联网云农场等模式，帮助小农户合理安排生产计划、优化配置生产要素。5G 技术的推广普及，使得移动互联网在促进经济发展方面的作用越加凸显。在"十四五"时期，"移动互联网＋农业"将进一步赋能农业农村现代化。

用智能手机等移动终端设备上网已成为农民连接互联网的主要方式。当前全国行政村移动网络覆盖率已经超过 98％，同时超过 55％的农民个体已使用智能手机上网。在农村家庭层面，使用智能手机上网的比例更高，根据调查，70％~85％的农村家庭拥有至少一部智能手机。与传统互联网相比，基于智能手机的移动互联网通信和信息获取并不受地域和时间的限制，而且操作方便快捷，因此受到了广大农民青睐，成为农民上网主要渠道。为加强农民智能手机应用能力，提升农业农村生产、服务、管理信息化与智能化水平，促进小农户与大市场之间的有机衔接，中央和地方各级政府有关部门推动开展了相关的培训工作，帮助农民更好地学会智能手机的使用，让智能手机真正助力农业生产。

2021年6月21日，农业农村部在京举办2021年度全国农民手机应用技能培训周启动活动，活动上发布了2021年度全国农民手机应用技能培训方案，推介了《手机助农新十招》口袋书，启动了"新农具助力乡村美好生活"微短视频征集等系列活动，本次培训周以"新农具服务农民美好生活"为主题，举办17场专题活动，持续到6月27日。

表2-1 2021年全国农民手机应用技能培训周活动安排

时间		内容	承办单位
6月21日	上午	全国农民手机应用技能培训周启动活动	农业农村部市场与信息化司中央农业广播电视学校
	下午	5G赋能新农具 信息普惠新农民	中国移动通信集团有限公司
6月22日	上午	智能手机日常应用技能培训	58同镇（北京城市网邻信息技术有限公司）
	下午	新农具便民服务应用技能培训	中国电信集团有限公司
		防范电信网络诈骗 提升防诈反骗意识	中央农业广播电视学校
6月23日	上午	信息惠农 科技致富	中国联合网络通信集团有限公司

续表

时间		内容	承办单位
6月23日	上午	发现乡村好主播 培养电商新农人	中国农业电影电视中心
	下午	短视频＋直播 助力乡村振兴	北京快手科技有限公司
6月24日	上午	科技赋能 助力乡村振兴	隆平高科信息技术（北京）有限公司
	下午	农产品销售助力乡村产业发展	北京一亩田新农网络科技有限公司
6月25日	上午	农产品品牌管理及营销技巧	天天学农（深圳市天天学农网络科技有限公司）
	下午	农产品短视频爆款内容打造助力农民增收致富	惠农网（湖南惠农科技有限公司）
6月26日	上午	特色作物农业气象服务 科学防灾减灾	华风天际气象服务有限公司
		手机智慧管理助力高效养殖产销	新希望六和股份有限公司
	下午	益农信息社服务农民生活助力乡村振兴	北京农信通科技有限责任公司
6月27日	上午	用好新农具让农民的生活更轻松	优农帮（四川科库科技有限公司）
		惠农利民金融服务为乡村振兴提供金融保障	中银富登村镇银行
	下午	农产品直播营销技巧	田十网（烟台市田十电子商务股份有限公司）

智能手机的应用能给广大农民带来生活、生产上的极大便利：农民可以及时发现新品种、应用新技术，科学防控动植物疫病，提高农业生产科技含量；农民利用手机进行电子商务活动，在平台上销售农产品，促进产销精准对接，实现优质优价；扩大农民购买农业生产资料和生活消费品的渠道，通过更广泛地比价，降低生产生活成本；让农民享受更加灵活便捷的在线教育、医疗挂号、就业培训、贷款保险、生活缴费等公共服务，促进城乡公共服务均等化。

尤其在农业生产上，移动互联网赋能小农户对接大市场，促进了生产要素的优化配置与农业经济转型。移动互联网和传统农业结合后能有效地减少农业生产的信息不对称。一方面，有利于降低农业信息搜寻成本，加快信息流通速度，农户在农业产业各个环节的决策得到优化，农业资源配置和组织管理效率得到提高；另一方面，农业生产新技术在各个环节中的推广和应用得到加强，有助于新技术在农村地区的传播，促进传统农业向现代农业转变。

第二节　农业移动互联网的应用

网络技术、通信技术、大数据、云计算等新技术的不断发展，使农民利用手机帮助农业生产越来越编辑，手机成了"新农具"，数据成了"新农资"。

一、农机作业中的移动互联网应用

在农业生产上，现代农具的智能化程度逐渐提高，各种物联网设备、自动化设备纷纷进入田间地头，借助手机、平板、计算机等控制终端，农民能够更加高效、轻松地种好地，省力高产轻松实现。

2021 年 11 月 27 日，由湖北省农业农村厅、省乡村振兴局、省粮食局、省农科院、省农业发展中心共同主办，湖北省楚商联合会承办的 2021 湖北农业博览会（下简称农博会）在武汉国际博览中心开幕。众多智慧农机产品亮相农博会。在农机装备展区，中国一拖集团有限公司研发生产的东方红 LF1104-C 型无人驾驶拖拉机备受关注。这台无人驾驶拖拉机具有远程遥控和定位导航功能，农民只需要在显示屏上把作业宽度、行间距等设置好，拖拉机就会自动直线行进，播种、起垄、接行等作业自动完成。该拖拉机一天作业面积能够达到 400~500 亩。①

无人机、5G、智能系统被越来越多地应用到农机领域，农机的功能越来越多，自动化程度逐年提高。有的无人驾驶拖拉机可自动完成耕地、打浆、除草、施肥、播种等多项作业；部分收割机功能强大，农民只需手动收割田块最外层的作物，机器就可确定出田块形状，自动收割范围内的作物，

---

① 亩为非国际标准单位，本书为读者阅读方便，仍使用"亩"为单位。

还能预测粮仓储备满粮的情况，自动移动排粮地点；农机自驾仪专为拖拉机、收割机等大中型农机设计，搭配高精度导航系统，农民只需在智能手机或平板上操作，就能让农机精准执行任务，提高生产效率，让农民轻松省力。现实中，农业无人机、遥感无人机、农业无人车、改造传统农机的自驾仪、物联网设备等一系列产品都已经进入生产领域。

二、病虫害监测中的移动互联网应用

2021 年年初，农业农村部办公厅年初印发《2021 年全国"虫口夺粮"保丰收行动方案》，指出农作物病虫害是影响粮食稳产增产的关键因素，防控农作物病虫危害是减灾保丰收的关键举措。2021 年小麦条锈病、赤霉病、水稻"两迁"害虫、草地贪夜蛾、黏虫、玉米螟等重大病虫害呈重发态势，直接威胁粮食生产安全。据全国农作物病虫测报网监测和专家会商分析，2021 年小麦、水稻、玉米等粮食作物重大病虫害呈重发态势，预计全国发生面积 21 亿亩次，同比增加 14%，对 70% 以上的产区构成风险，需及时采取有效防控措施，努力减轻灾害损失。

对于病虫灾害来讲，及时、准确的虫情监测是有效防治虫害的重要手段。

以往农业生产中，虫情监测工作多是依靠专业技术人员完成的，往往需要耗费大量的人力、物力，而且无法满足虫情及时提供的需求。同时，还需关注到农药使用的科学性和安全性，做到针对病虫害的种类对症下药，推进绿色防控。

随着科技的进步，病虫害监控物联网系统开始实际应用到农业生产中，为精准控制农业中的病虫害提供了科学手段。现在，通过系统控制智能虫情测报灯在夜间亮灯诱捕，自动对诱捕到的虫进行分类、计数，每半小时传输一张图片到系统数据库中。监测人员只要打开手机就能实时查看，而此前需要植保人员实地去收集和统计病虫的种类和数量，不管刮风下雨都得到现场，工作量大不说，虫情的数量也难以精准统计。

病虫害监测系统是现代农业植保工作中，一种集生物和现代光、电、数控技术为一体的自动化测报工具，普遍应用于农业、林业、牧业、蔬菜、烟草、茶叶、药材、园林、果园、城镇绿化、检疫等测报领域，可满足虫情测报标准化、自动化的工作需要。病虫害监测系统能做到在监测虫情的同时，还能有针对性地调整农药、化肥配比与投放，有效防控虫害，有利于减少化学农药的使用量，避免农产品农药残留超标问题发生。

2021年，河南省平顶山市引进安装了农业病虫害监测物联网信息技术系统，建成包含农技推广中心主监测点以及八台镇彦张村、武功乡曹集村、尚店镇小黄村3处一般监测点在内的多个病虫害监测点，可有效覆盖监测农田近10万亩。该系统包括小气候信息采集系统、孢子培养统计分析系统、虫情信息采集系统和生态远程监控系统，采用4G网络实施数据传输。虫情信息采集系统通过病虫测报灯把夜晚田间害虫诱捕、收集到带有刻度的观察盘上，经高清相机拍摄成像，软件系统可根据照片自动对各类害虫进行识别分类计数，大大提高了基层植保工作的工作效率。小气候信息采集系统主要采集空气温度、湿度，土壤温度、湿度以及光照、气压、风速、降雨量等数据，经综合统计分析为研判病虫发生情况提供数据支撑。孢子培养统计分析系统内置高倍显微镜，田间流动空气中的孢子被风机吸入孢子捕捉器内，落到放置培养液的玻璃器皿中，经高倍显微镜放大后拍摄成照片分时段储存至电脑，农艺师可根据照片来判断孢子数量。生态远程监控系统则采用 360° 旋转高清摄像头，远距离观测田间农作物生长动态并拍照留存，方便历史追溯。

三、农产品销售中的移动互联网应用

随着网络普及率持续提升，我国网络购物市场保持较快发展，下沉市场、跨境电商、模式创新为网络购物市场提供了新的增长动能：在地域方面，以中小城市及农村地区为代表的下沉市场拓展了网络消费增长空间，电商平台加速渠道下沉；在模式方面，直播带货、工厂电商、社区零售等新模式蓬勃发展，成为网络消费增长新亮点。

因创作门槛低、碎片化获取信息、娱乐性强、传播速度快等特征，2016 年开始，短视频、直播行业快速崛起。短视频加快与电商、旅游等领域的融合，探索新的商业模式。在电商领域，一方面，各大电商平台纷纷以独立的短视频频道或应用的方式，引入短视频内容，利用其真实、直观的特点，帮助用户快速了解商品，缩短消费决策时间，吸引用户购买；另一方面，短视频平台通过与电商合作的方式，打通用户账户，吸引用户直接在短视频应用内购买商品，形成交易闭环。

随着短视频、直播与电商、旅游等领域的深度融合，各种商业模式不断创新，农产品也借势突破，广大农民通过这种互动强、灵活便利的方式进行农产品的销售，实现脱贫致富。例如，根据《湖南日报》报道，在湖南省邵阳市邵阳县罗城乡保和村，省政协办公厅驻村帮扶工作队邀请短视频平台，通过拍摄抖音视频的方式帮助农户线上销售"保和鸡"。2018 年来，该村采取"公司 + 基地（合作社）+ 能人 + 贫困户"扶贫模式大力发展"保和鸡"生态养殖产业，已建成养殖基地 7 个，带动贫困户 42 户养殖鸡苗 2 万多羽，并邀请专业短视频拍摄团队来村里培育电商经纪人，借助短视频平台进行线上销售。

毫无疑问，短视频、直播时代的到来在很大程度上为商家的产品销售和消费者的产品认知提供了便利的条件。依托各种各样的短视频、直播平台，消费者从原本的图文购买形式转变为"边看边买"。而对于各种企业、商家而言，短视频、直播营销也是一种全新的营销方式。

在传统农业营销模式中，鲜活农产品从田间地头到市民餐桌，要经过多级渠道运转，产生人工、运输、存储等多项附加费用，导致很多农产品农民卖不上价、消费者高价买，大量成本浪费在了中间环节。如今借助移动互联网和快捷的物流系统，农产品从地头到餐桌的中间环节减少，很多时候农民可以和消费者面对面做买卖，好产品终于卖上了好价钱，消费者也得到物美价廉的农产品。

在胶州市，当马铃薯收获的季节到来时，田间地头一派忙碌的景象，在繁忙的收获景象中，经常会看到有些农民一手拿着手机一手拿着土豆，说着带有浓厚"胶州口音"的普通话搞直播。这就是现代"玩手机也能卖货赚钱"的新农人。很多新农人通过展示农产品种植、收获的具体过程，把农产品高品质的形象传播给更广泛的人群，打开了农产品的销售大门，增加了自己的收入。

通过移动互联网的平台销售产品，可以实现买家与农民的直接对话，不仅可以减少中间环节，降低附加费用，同时也可以直接反映市场需求，实现产销信息的对称。

新零售和新业态快速发展，利用网络直播、短视频等形式促进农产品销售已经成为了新潮流、新亮点，是农产品营销的创新，也补上了传统农产品营销的"短板"，对于缓解农产品难卖问题、助力产业发展和促进农民增收都发挥了积极的作用。

四、农民生活中的移动互联网应用

调查表明，使用移动互联网的农户中，10%~20%通过移动互联网了解农地租赁信息、生产资料销售信息、农业科技信息等；在农村生态现代化方面，15%~25%的用户通过移动互联网获悉美丽农村建设、农业绿色生产和人居环境治理等政策措施；移动互联网在农村文化现代化方面也发挥了作用，25%~35%的移动互联网用户使用移动互联网学习社会主义核心价值观、现代科技与文化、文明健康生活方式以及弘扬传统文化等。

同时，移动互联网拓展了农户的社会网络，促进了农户生活现代化与乡村治理现代化。移动互联网用户普遍使用网络聊天APP，有效拓展了用户的社会网络，使得信息的传递更加及时。调查结果显示，农村移动互联网用户中超过60%通过聊天APP传递或获取就业与创业信息、团购生活用品，甚至有30%~40%的用户通过聊天APP向村医问诊和进行远程医疗服务。此外，大约90%的移动互联网用户加入了村里的QQ或微信聊天群，超过80%的村委会会议信息、决策信息、公示信息等通过聊天群来传递。

据媒体报道，北京市通州区西集镇各村架起"5G智慧云喇叭"，使得村庄治理更加智能化。传统的农村广播站需要使用固定的广播设备，发布消息的人需要在固定的场所使用设备，使用步骤烦琐，时间地点受到较大限制。"5G智慧云喇叭"通过手机APP广播消息，打开手机APP讲话，讲话内容同步在村头的广播中响起，实现了"人在哪里，哪里就是广播站"。西集镇建立起了镇、村两级播控中心上下对接的"村村响"云广播平台，只需手机上安装云端广播操作系统，就能通过无线网络连接上村里的广播，不但可以实现远程控制和定时、定周期播发，遇到紧急情况还能直接使用手机语音喊话，或将文字转为语音播报。比如遇到紧急通知，不用像传统广播那样先将通知下发到村里。乡镇管理人员可以通过后台一键播发，大大提高了通知的实效性。如果人不在广播室，拿出手机，联网后打开相应软件，编辑相关内容就能播发。目前，各村每天都通过云广播播报新闻资讯及防疫、防火、种植养殖知识，推动了村庄治理智能化。

每一次的时代变革都有独属于这个时代的颠覆性技术，引领这个时代的潮流。当下，5G赋能新的产业模式，5G的基础技术将会成为未来科技爆发的加速剂，从而开启全新的技术革命。"5G+"正在成为新时代的"弄潮儿"，在科技爆发的临界点，未来红利的"爆发键"已被按下。

随着科技水平的发展，我国农业从传统模式发展至如今的现代化作业，物联网、云计算、精准技术等将推进农业产业的发展，实现最佳的资源利用和最小的成本投入，达到农作物生产、运输和销售的智能化管理，打造智慧农业。智慧农业将成为集互联网、移动互联网、云计算和物联网技术为一体的生产方式。

第三节　农业移动互联网发展中的问题和建议

通信网络逐渐实现全覆盖，智能手机价格不断降低，移动互联网在农村发展飞快，农村网民的数量与日俱增。移动互联网应用领域不断增多，移动互联网的出现与兴起极大促进了农村生产与生活方式的变革，也促使城乡差距不断缩小。

在日常通信上，即时通信 APP、短视频 APP 等应用的兴起，让全世界的人们都可以进行及时通信及信息分享。智能手机的应用越来越简单，友好的操作界面，让更多的农村居民，甚至是不懂拼音、受知识水平限制的居民也能使用移动设备进行互联网通信；在电子政务上，全面优化网上服务系统，越来越多的行政部门都已经实现了网上预约功能，甚至一部分业务足不出户就可以在网上办理，农民办事可以"小事不出户，大事一条龙"，大大提升了人民群众办事效率，同时降低了农村居民办事的难度；在文化娱乐上，移动互联网让娱乐产业更加平民化，更亲民，更容易让农村居民可操作和参与，随时随地娱乐成为现实，农村居民利用农业生产的空余碎片时间享受娱乐成为常态，同时互联网娱乐让农村普通居民也可以展现才艺，随着直播、短视频的普及，任何人都可以在网络平台展现自己。

虽然移动互联网在农村得到了飞速发展，给农民带来了切实的好处，但是也不是十全十美的，在发展中也存在一些明显的问题。如受地区先天资源禀赋、基础设施建设等外部因素的影响，不同农村地区之间移动互联网发展不平衡，东部沿海较发达的农村地区基础设施建设、农村居民收入水平都领先于西部欠发达农村地区，社会经济的发展带动了移动互联网发展，东部沿海农村移动互联网发展水平要高于不发达山区。农村互联网基础设施有待加强，一些偏远和边疆地区移动基站覆盖率低，网络覆盖率要明显低于城市地区，家庭宽带入户率也较低。农村无线网络设备不完善造成农村居民在家庭以外的场所上网时需要使用流量数据，但是对于农村居民而言，流量费用相对较高。当前，很多农民对现代农业科技、农产品电子商务产生兴趣，但是受自身知识、能力的限制，不知道从何处入手进行实践，这方面的培训也难以满足农民实际需要。已有的一些培训存在内容偏理论，不重实践，有些脱离了农村生产生活实际。农民更需要的是有针对性的技术培训，根据农民生活需要和实际工作需求设计出真正有利于农村居民发展的技术培训课程。

针对移动互联网在农村发展和应用中存在的问题，各级政府有关部门要从维护农民切身利益出发，采取符合农村、农民实际的措施，推动移动互联网在农业领域的科学使用，具体可以从以下几方面入手：

1. 加强移动互联网在农村地区的推广

通过互联网资费优惠、智能手机使用教程培训等，让更多的农户具有应用移动互联网的能力，提升他们使用移动互联网的意愿，从而更好地引导与提高农民应用移动互联网进行农业生产、生态保护、文化学习等的能力，助力农业农村现代化建设。进一步明确农民手机应用技能培训的目标与内容，可以按照文化程度、使用需求等针对不同目标群体开展精准培训，让使用移动互联网的农民更加有效地利用移动互联网。

2. 普及农业领域的移动互联网应用

在农业这一专业领域，目前已经存在很多专业的移动互联网 APP，但是不少农民由于信息不对称、自身能力限制等原因，不知道或者知道但是不会使用这些 APP，导致大量对农民增产增收有益的移动互联网应用资源闲置浪费。这需要相关政府部门通过宣传或培训引导农户使用更多功能性更专业的移动互联网 APP，比如：农产品交易、农业气象、农业保险、植物识别、远程教学、在线就诊等多元化的 APP。可以通过各级涉农部门，通过主动传播的方式将这些 APP 及使用方法推送给广大农民，同时可以开展相关内容的培训，手把手教会农民如何使用，向农民解释清楚这么做的好处，同时做好服务。基于移动互联网的各种 APP 建设成为新的农业生产要素，在加快农业农村现代化、助力全面乡村振兴方面做出新的贡献。

第四节 农业移动互联网应用案例

农业信息的获取是整个数字农业的基石。随着农业信息化水平的不断提高，对农业环境信息的获取技术也提出了更高的要求，农业具有对象多样、地域广阔、偏僻分散、远离社区、通信条件落后等特点，因此在绝大多数情况下，农业实验观测现场经常无人值守，导致信息获取非常困难。解决这个问题的根本出路是要实现信息获取的自动化，以及数据的远程传输与共享。农业移动互联网技术的应用为远程信息的获取、传输、交换与控制提供了前所未有的机遇。

北京中农信联科技有限公司研究开发了"农业物联网移动监控系统",是集环境因子测试技术、传感技术、无线移动通信技术、计算机网络技术于一体的多功能监控系统,可满足多种情况下农业环境远程监控的需要。从实现功能上本系统可划分为两个组成部分:远程监控终端数据采集发送模块和手机用户端实时监控模块。

一、数据采集发送模块

数据采集发送模块是安装运行在农业环境监控现场,实现对用户所需的环境因子(比如空气温湿度、土壤温湿度、太阳辐射、风速风向、水温、盐度、溶解氧等)数据的采集、解析和无线远程发送功能的软、硬件的总称。该模块采用集成 GPRS 无线 Modem 和支持嵌入式编程的远程监控设备,采用 RS-485 串行总线技术,将现场测控设备与各个环境因子传感器设备相连接进行通信。嵌入运行在远程监控设备中的数据采集发送程序执行固定流程,定时对已连接传感器信号进行采集和解析转换,同时实现与 GPRS 无线移动通信网络的连接与数据传输,将数据实时发送到监控中心数据库服务器,从而组成终端数据采集发送模块,如图 2-1 所示。

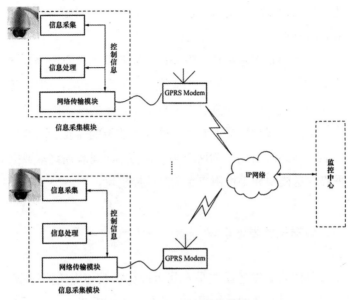

图 2-1　数据采集发送模块

二、移动端实时监控模块

移动终端软件平台包含四大模块：实时监控、控制设备、数据查询和曲线分析，用户可以通过移动终端随时随地查看现场环境数据，并可以对环境信息进行调控。

1. 实时监控

实时监控以列表的形式展示指定场景中各个环境因子参数所采集的最新数据，以及最新数据的采集时间。

2. 控制设备

控制设备模块能够远程查看现场环境控制设备的状

态，并可以远程手动控制相关设备，使农业现场环境保持在最优状态。用户单击控制设备菜单项，进入控制设备功能，下方控制设备信息列表分别显示设备名称、设备状态及设备按钮，并可以单击开、停按钮对相关设备进行控制。

3. 数据查询

数据查询功能主要实现指定农业现场环境参数采集的历史数据查询，在列表中显示查询结果，结果为指定通道和起止时间的历史数据，分别是数据的采集时间和数据的值。

4. 曲线分析

曲线分析实现对指定参数相对不同起止时间的历史数据，以 X–Y 曲线的方式展现，Y 坐标轴表示值，X 坐标轴代表时间的变化，从曲线可以看出用户所关心的参数随时间的变化及变化规律。

第三章

农作物土壤信息的物联技术

第一节　土壤信息传感技术简介

　　土壤信息传感包括土壤水分，电导率，土壤氮、磷、钾含量等影响作物健康生长的土壤多项参数信息的获取。

　　土壤水分，又称土壤湿度，是保持在土壤孔隙中的水分，主要来源是降水和灌溉水，此外还有近地面水气的凝结、地下水位上升及土壤矿物质中的水分。土壤含水量直接影响着作物生长、农田小气候以及土壤的机械性能。在农业、水利、气象研究的许多方面，土壤水分含量是一个重要参数。农业生产中，土壤含水量的准确测定对于水资源的有效管理、灌溉措施、作物生长、旱地农业节水、产量预测以及化学物质监测等方面非常重要，也是精准农业极为关键的重要参数。土壤水分传感技术的研究与发展直接关系到精细农业变量灌溉技术的优劣。

　　常用土壤水分检测技术包括烘干法、介电法、电阻法、电容法、射线法、中子法、张力计法等。由于便于测量，介电法是目前农业物联网中常用的土壤水分检测方法。

　　电导率是指一种物质传送（传导）电流的能力，土壤电导率与土壤颗粒大小和结构有很强的相关性，同时土壤电导率与土壤有机物含量、黏土层深度、水分保持/泄漏能力有密切关系。常用的土壤电导率检测技术包括传统理化分析方法、电磁法、电极电导法、时域反射等方法，其中电磁法、电极电导法、时域反射等方法由于能直接将电导率转化为电信号，特别适于农业物联网土壤电导率信息的传感。

土壤养分测试的主要对象是氮（N）、磷（P）和钾（K），这三种元素是作物生长的必需营养元素。氮是植物体中许多重要化合物（如蛋白质、氨基酸和叶绿素等）的重要成分，磷是植物体内许多重要化合物（如核酸核蛋白、磷脂、植素和三磷酸腺苷等）的成分，钾是许多植物新陈代谢过程所需酶的活化剂。

土壤养分检测目前多采用实验室化学分析方法。

第二节　土壤电导率传感技术

电导率是指一种物质传送（传导）电流的能力，单位为 mS/m（毫西门子 / 米）。从介电物理学的角度看，土壤电导率的测量实质上介于介电损耗测量理论与方法的研究范畴。然而，土壤物理学的研究结果表明土壤电导率本身包含了反映土壤品质与物理性质的丰富信息。土壤里的电流传导是由潮气通过土壤微粒之间小孔而产生的。因此，土壤电导率由以下土壤性质所决定。

①孔隙度。土壤的孔隙度越大，就越容易导电。黏土含量高的土壤要比沙质土壤有更高的孔隙度。例外的是，通常压实会增加土壤电导率。

②温度。当温度降低到冰点附近时，土壤电导率会有微弱的下降。在冰点以下时，土壤孔隙彼此之间会越来越绝缘，而整体的土壤电导率急剧下降。

③含水量。干燥的土壤比潮湿的土壤电导率要低很多。电导率适中的土壤具有适中的土壤结构，并且能够适度地保持水分，这种土壤的农作物产量最高。

④盐分水平。提高土壤水中电解液（盐分）的浓度会急剧地增加土壤电导率。大多数种植玉米的土壤盐分水平非常低。

⑤阳离子交换能力。矿物质土壤包含很高的有机物（腐殖质）或者黏土矿物，例如，高岭石、伊利石或者蛭石，它们都比缺少有机物的土壤有更高的保持阳离子（如钙、镁、钾、钠、氨或氢）的能力，这些离子存在于土壤潮湿的气孔中，会和盐分一样提高土壤电导率。

常用的土壤电导率的测量方法可分为实验室测量法和现场测量法两大类。实验室测量方法采用传统的理化分析手段。首先要制取各土壤浸提液，然后利用电极法测量土壤浸提液的电导率，利用土壤浸提液的测量值表征土壤电导率的变化。这种传统的实验室方法作为标准测量方法具有较高的精度，也是评价土壤电导率高低的基准，但测量过程烦琐，且耗时很长，不能满足实时性测量的要求。相比之下，现场测量具有非扰动或者小扰动和实时测量的优点，因此现场测量技术成为国内外研究的一个热点。现场测量方法包括非接触式测量和接触式测量，非接触式测量主要是指电磁感应法（EMI），接触式测量包括电流 – 电压四端法和时域反射法。

一、电磁感应法测土壤电导率

电磁感应法属于非接触式土壤电导率测量方法，它是利用伴随受原始地下场感应而生成的地下交变电流所引起的电磁场检测土壤电导率，图 3-1 为其原理图。电磁感应仪 EM38 总长度 1m，主要由信号发射（Tx）和信号接收（Rx）两个端口组成，两者之间相隔一定的距离（s），发射频率为 14.6kHz。

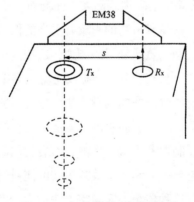

图 3-1 电磁感应法测量原理

电磁感应法测量电导率时，首先信号发射端子产生磁场强度随大地深度的增加而逐渐减弱的原生磁场（Hp），原生磁场的强度随时间动态变化，因此该磁场使得大地中出现了非常微弱的交流感应电流。这种电流又诱导出次生磁场（Hs），信号接收端子既接受原生磁场信息又接受次生磁场信息。通常，原生磁场 Hp 和次生磁场 Hs 均是两端子间距（s）、交流电频率及大地电导率的复杂函数，且次生磁场与原生磁场电导率呈线性关系。

二、电流－电压四端法测土壤电导率

电流－电压四端法属于接触式测量方法，虽为接触测量却不需要取样，基本不用扰动土体，而且在作物生长前和生长期间都可以实现实时测量，可以测量不同深度的土壤电导率，而且测量值与土壤浸提液电导率值有着较好的相关性，但要求土壤和电极之间接触良好。在测量含水量较低或者多石的土壤时测得的土壤电导率可靠性差。所谓电流－电压四端法，即测试系统包括两个电流端和两个电压端，两个电流端提供所需的测量激励信号，通过检测两个电压端的电位差换算出介电材料（土壤）的电导率。如图 3-2 所示，其中 J 与 K 端为电流端，M 与 N 端为电压端，表示恒流源，充当测试系统的激励，V 为 M 与 N 之间的电压降。

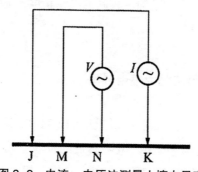

图 3-2　电流－电压法测量土壤电导率

由导体电导率的定义知，如果测量对象横截面积与长度确定，则导体的电导率很容易求得。然而，对于大地电导率的测量，它恰恰是一个横截面积与长度都不确定的复杂测量对象。经大量的科学研究表明，可以得到大地的电导率的测量公式为：

$$\sigma=\frac{\left(\frac{1}{JM}-\frac{1}{JN}\right)-\left(\frac{1}{KM}-\frac{1}{KN}\right)}{\frac{1}{2\pi}}\cdot\frac{1}{V}=K\cdot\frac{1}{V}$$

式中，JM、JN、KM、KN 分别表示相应两端点之间的距离。通过计算公式可知，在稳幅交流电源输出电流一定的情况下，土壤电导率和电压端电压降成反比。其中，K 是一个与传感器电极分布有关的系数。

在国外，已经有基于电流 - 电压四端法测量原理的车载土壤电导率测量的商品化设备，典型代表是美国堪萨斯州 Veils 公司生产的 Veris3100。中国农业大学精细农业中心在便携式土壤电导率测量设备上进行了一定的探索，开发了便携式土壤电导率测试仪，它价格低，操作方便，具备合理科学的形态结构，较高的测量精度，完整的控制和数据处理程序。

三、时域反射法测土壤电导率

通过实验发现，将时域反射法（TDR）探头浸入具有不同电导率的溶液中，电磁脉冲的形状会发生改变，由此可估计出溶液的电导率。1984 年道尔顿（Dalton）等通过研究 TDR 测量信号在土壤中传播的衰减规律，阐述了 TDR 土壤电导率测量方法。加拿大农业土地资源研究中心将 TDR 方法用于测定土水混合物的介电常数，由此得到了反映土壤含水量与土水混合物介电常数关系的两个回归多项式方程，经实践证明，该方程在质地相对较差的土壤中仍可适用。后来研究者根据探针周围电场分布提供了不同的探针标准，从而扩展了 TDR 的使用。

四、土壤水分、电导率复合检测

图 3-3 为土壤水分、电导率、温度复合感知测量原理框图。土壤水分和电导率复合感知是通过同步测量两个频率下的探头导纳幅值，进而分解探头导纳的实部与虚部，利用探头导纳实部与介电损耗的关系得出土壤电导率，利用探头导纳虚部与介电常数的关系得出土壤含水率，实现土壤水分、电导率的实时测量，消除两者间的相互影响，提高每个参数的测量精度。图 3-3 中包括至少两个不同频率信号发生源，高频信号发生源 Sw1 和低频信号发生源 Sw2 分别与探头 ZL 相连接，上述三者的另一端是共同接地的；精密取样元件 Zr1 和精密取样元 Zr2 分别处于高频信号发生源 Sw1 和低频信号发生源 Sw2 所在的电路。频率带通滤波器 Fw1 串联在第一信号发生源 Sw1、第一精密取样元件 Zr1 和探头 ZL 所在的电路中；特定频率带通滤波器 Fw2 串联在第二信号发生源 Sw2、第二精密取样元件 Zr2 和探头 ZL 所在的电路中。微处理器通过 A/D 转换器

将高低频率反映的模拟信号转换成数字信号，应用嵌入式土壤水盐耦合分解模型，不仅可以输出智能传感器直接输出的土壤水分和电导率，而且可以输出土壤溶液电导率。在此基础上，微处理器内嵌智能化算法，实现自识别／自诊断功能和标准化的土壤信息智能接口。

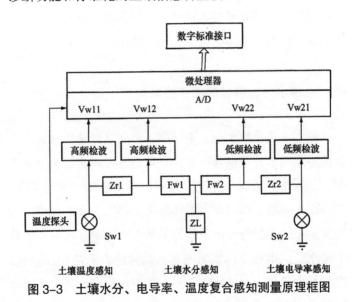

图3-3　土壤水分、电导率、温度复合感知测量原理框图

第三节　土壤养分传感技术

土壤养分测试的主要对象是氮（N）、磷（P）和钾（K），这三种元素是作物生长的必需营养元素。氮是植物体中许多重要化合物（如蛋白质、氨基酸和叶绿素等）的

重要成分。土壤氮的测试项目主要有四个：全氮、有效氮、铵态氮和硝态氮，通常每年或每季测试一次。全氮量用于衡量土壤氮素的基础肥力，有效氮（也称水解氮）主要包括铵态氮、硝态氮、氨基酸、酰胺和易分解的蛋白质氮等，反映土壤近期内氮素供应情况，与作物生长关系密切，对推荐施肥更有意义。我国土壤全氮量一般为 1.0~2.0g/kg，肥力较低的土壤硝态氮含量一般为 5~10mg/kg。肥力较高的土壤硝态氮含量可超过 20mg/kg，土壤中铵态氮含量一般为 10~15mg/kg。

磷是植物体内许多重要化合物（如核酸核蛋白、磷脂、植素和三磷酸腺苷等）的成分，而且以多种方式参与植物的新陈代谢过程。土壤磷的测试项目主要有两个：全磷和有效磷，通常每 2~3 年测试一次。土壤全磷量受土壤母质、成土作用和耕作施肥的影响很大，而有效磷比较全面地反映土壤磷素肥力的供应情况，对推荐施肥有直接的指导意义。我国土壤中全磷量大致为 0.44~0.85g/kg，高的可达 1.8g/kg，低的只有 0.17g/kg，有效磷的含量一般为 1~100mg/kg，多数为 5~10mg/kg。

钾是许多植物新陈代谢过程所需酶的活化剂，能够促进光合作用和提高抗病能力。土壤钾的测试项目主要有全钾、速效钾和缓效钾，通常每 2~3 年测试一次。土壤全钾对分析钾素肥力的意义不大，但可以用于鉴定土壤黏土矿物的类型，土壤钾素肥力的供应能力主要决定于速效钾和缓效钾。我国土壤中全钾量一般在 16.6g/kg 左右，高的可达 24.9~33.2g/kg，低的只有 0.83~3.3g/kg；速效钾含量为 25~420mg/kg，仅占全钾量的 1% 左右；缓效钾含量为 40~1400mg/kg，占全钾量的 1%~10%；矿物钾占全钾量的 90%~98%。

目前，土壤氮磷钾养分测试主要采用常规土壤测试方法，具体涉及田间采样、样本前处理和浸提溶液检测等三个部分，也可以采用光谱分析技术直接对田间的原始土壤（或作物）进行分析，从而获取土壤养分信息。

一、光谱检测方法测土壤养分

光谱检测方法是对土壤浸提溶液的透射光或反射光进行光谱分析，从而获得溶液中待测离子的浓度。检测机理比较成熟，主要有两种方法——比色法和分光光度法。

比色法是一种定量光谱分析方法，以生成有色化合物的显色反应为基础，通过比较或测量有色物质溶液颜色深度来确定待测组分含量，要求显色反应具有较高的灵敏度和选择性，反应生成的有色化合物稳定，而且与显色剂的颜色差别较大，关键在于选择合适的显色反应、控制合适的反应条件和选择合适的波长。比色法具有仪器设计简单、成本低等优点，也存在重复性、精度和应用范围等问题，但在今后的一段时期内仍将是土壤养分现场快速检测的一个重要手段。

分光光度法是基于朗伯比尔定律的一种吸收光谱分析方法，即在液层厚度保持不变的条件下，溶液颜色的透射光强度与显色溶液的浓度成比例。分光光度法采用特定波长的单色光，通常为最大吸收波长，分别透过已知浓度的标准溶液以及待测溶液，采用分光光度计测定吸光度。分光光度法灵敏度较高，检测下限可达 $10^{-6}\sim10^{-5}$mol/L，采用催化或胶束增溶分光光度法，检测下限可达 10^{-9}mol/L。由于硝态氮在紫外区具有较强的特征吸收，可以在 200nm波长和 220nm 波长处进行紫外分光光度法测定 NO_3^- 的含量。

由于比色法常采用钨灯光源和滤光片，只能得到可见光谱区内一定波长范围的复合光，而分光光度法采用单色光源，因此，分光度法在精度、灵敏度和应用范围上比比色法具有优势，但是其成本较高，在一定程度上限制了其应用于低成本的便携式快速检测仪器的研究开发。

二、电化学检测方法测土壤养分

电化学检测方法是在不同的测试条件下，研究电化学传感器（电极）的电量变化（如电势、电流和电导等）来测定化学组分。通常采用以下两种方法：

一是基于热力学性质的检测方法，主要根据能斯特方程和法拉第定律等热力学规律研究电极的热力学参数；

二是基于动力学性质的检测方法，通过对电极电势和极化电流的控制和测量来研究电极过程的动力学参数。

电化学传感器主要由换能器和离子选择膜组成，通过换能器将化学响应转换为电信号，利用离子选择膜分离待测离子与干扰离子，主要应用在生物分析、药品分析、工业分析、环境监测以及有机物分析等领域，在土壤测试领域应用也不少。目前，已应用于土壤测试的电化学传感器有离子选择性电极和离子敏场效应管。

离子选择性电极是由对溶液中某个特定离子具有选择性响应的敏感膜及其他辅助部分组成的，因此又称为膜电极。其电极电压的产生机理是在敏感膜上不发生电子转移，而是通过某些离子在膜内外两侧的表面发生离子的扩散、迁移和交换等作用，选择性地对某个离子产生膜电压，且膜电位与该离子浓度（活度）的关系符合能斯特方程。

离子选择性电极法是一种不破坏溶液的分析方法，具有一些独特的优点：

- 易仪器化、自动化和适于现场检测。
- 灵敏度高，检测下限可达 1×10^{-6}mol/L。
- 响应速度快，响应时间通常只需几分钟，甚至不足一分钟。
- 样本前处理方法简单，不需要化学分离等复杂操作。
- 检测精度受溶液颜色、沉淀或混浊影响比较小。

离子选择性电极是一种电势型电化学传感器，基本结构如图3-4（a）所示，主要由电极管、内参比电极、内参比溶液和敏感膜构成。电极管一般由玻璃或高分子聚合物材料制成，内参比电极常用 Ag/AgCl 电极，内参比溶液一般由选择性响应离子的强电解质和氯化物溶液组成。敏感膜由不同性质的材料制成，是离子选择性电极的关键部件，一般要求具有微溶性、导电性和对待测离子的选择性响应。图3-4（b）是复合电极，即将指示电极和外参比电极组装在一起，测量时不需另接参比电极。

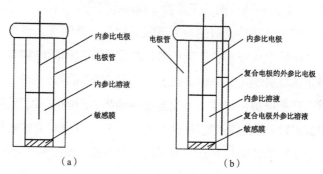

图3-4 离子选择性电极基本结构

　　离子选择性电极的关键部分是敏感膜。根据敏感膜的组成和结构，可将离子选择性电极分为玻璃膜电极、液体膜电极、固体膜电极、PVC膜电极等。

　　PVC膜电极指以聚氯乙烯为惰性基体的一类非均相膜电极，其活性材料可以是难溶沉淀粉末，也可以是各种液体离子交换剂或中性载体，这种电极制备简单，适用性广，因此发展较快。PVC膜电极的工作原理是，在敏感膜上不发生电子得失，但由于存在离子浓度（活度）差异，在敏感膜的两侧表面上发生离子交换，形成浓度差膜电势，膜电势与待测溶液中的特定离子浓度（活度）服从能斯特方程，即：

$$E=E_0+2.303\frac{RT}{FZ_i}lga_i$$

　　式中，E为电极检测电势（mV）；E_0为电极标准电势（mV）；R为气体常数［8.314J/（mol·K）］；T为绝对温度

（t+273.15K）；F 为法拉第常数（96487C/mol）；Z_i 为离子电荷数；a_i 为溶液中的离子浓度（mol/L）。

离子选择性电极的检测下限又称为检测限度，也是离子选择性电极能够检测到的最低浓度。根据国际纯粹与应用化学联合会（IUPAC）推荐，检测下限测量方法为：以离子选择电极的电位 E（或电池电动势）对响应离子活度的负对数作图，将两直线部分外推，其交点所对应的被测离子活度为该电极对被测离子的检测下限。如图 3-5 所示，A 点对应的活度即为检测下限。

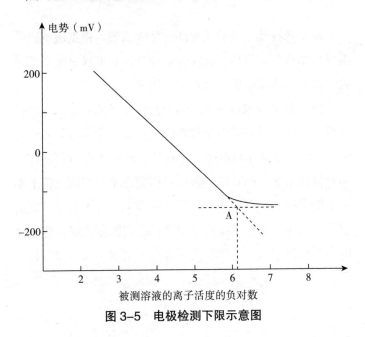

图 3-5　电极检测下限示意图

IUPAC 将响应时间定义为静态响应时间：从离子选择电极与参比电极一起与试液接触时算起，直至电池电动势达到稳定值（变化在 1mV 以内）时为止所需的时间，称之为实际响应时间。响应时间与被测离子到达电极表面的速度、被测离子的浓度、介质的离子强度、膜的厚度及光洁度等因素有关。膜越薄，光洁度越好，响应时间也越短；被测离子的活度越大，响应时间越快，活度越小，响应时间越长。

在同一敏感膜上，可以有多种离子同时进行不同程度的响应，因此膜电极的响应并没有绝对的专一性，而只有相对的选择性。

在使用离子选择电极测量时，由于内外膜电势、内参比电极、内参比溶液等因素随时间而变化，其响应电势或多或少会出现漂移现象，电极的这种特性可用稳定性及重现性来描述。电极的稳定性是指在恒温条件下，电极电势 E 值可在较长时间内保持恒定；电极的重现性是指保持温度、浓度等不变的情况下，多次测量电极电势的重现程度。根据电极的重现性可以分析电极用于测量所得结果的精密程度。电极的稳定性和重现性的好坏，将直接影响电极的寿命。

目前，离子选择性电极在土壤测试中的实践应用研究主要有两个方向：

• 基于离子选择性电极的土壤浸提溶液自动化检测技术研究，主要是结合离子选择电极和流动注射分析（Flow Injection Analysis，FIA）技术，提供一种可以连续自动化测定土壤浸提溶液中的 NO_3^- 和 K^+ 含量的方法。

• 基于离子选择性电极的车载土壤养分检测系统，经过土壤样本前处理形成土壤浸提溶液，再利用离子选择性电极检测溶液中待测离子的活度（浓度），结果表明离子选择性电极可以用于土壤养分的现场测量。

第四节　土壤含水量传感技术

土壤含水量测量方法的研究走过了很长的道路，派生出了多种方法，而且目前仍处于发展中，土壤水分测量方法有多种分类方式。图3-6给出了一种常规的分类。

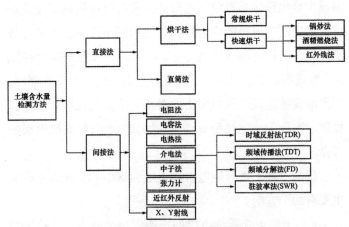

图3-6　常用土壤含水量检测方法

其中，烘干法是测量土壤水分含量的经典方法，由于其具有测试精度高、测量范围宽等优点，被国际公认为测定土壤水分的标准方法。然而烘干法也存在着明显的缺点，当土壤质地分布不均时，很难取出有代表性的土样，并且耗时多，对田土有破坏，不能进行长期的定位观测，无法实现土壤水分的在线快速测量，目前烘干法常常只是用来作为其他土壤水分测量方法的校正标准。中子法具有测定结果快速、准确并且可重复进行等优点，被公认为土壤水分测量的第二种标准方法，但由于其价格昂贵并且存在着辐射防护的问题，如果屏蔽不好会造成射线泄漏，以致污染环境和危害人体健康，目前中子法在发达国家已被禁止使用。

传统的电阻法和电热法等土壤水分测量方法虽然具有价格方面的优势，但测量范围相对狭窄，并且容易受到土壤质地、盐分、容重等因素的影响，田间应用不甚乐观。目前研究和应用较多的是利用土壤介电特性的方法来测量土壤的水分，该方法对土壤中的水分敏感并且受到土壤容重、质地的影响小，被认为是最具潜力的土壤水分测量方法。介电法通过测量出土壤的介电常数进而计算出相应的土壤含水量。

一、时域反射法测土壤水分

时域反射法（Time Domain Reflectometry，TDR）是一种介电测量中的高速测量技术，它是以关于液体介电特性的研究为基础而发展起来的。到了1975年，被引入用于土壤水分测量的研究，研究者根据电磁波在不同介电常数的介质中传播时其行进速度会有所改变的物理现象提出了时域反射法，简称 TDR 测量方法。研究者首先依此方法测得了土壤中气－固－液混合物的介电常数 s，进而利用统计数学中数值逼近的理论分类法找出了不同种类土壤含水量与介电常数间的多项式关系：

$$\theta = -5.3 \times 10^{-2} + 2.92 \times 10^{-2}\varepsilon - 5.5 \times 10^{-4}\varepsilon^2 + 4.3 \times 10^{-6}\varepsilon^3$$

式中，θ 为含水量；ε 为介电常数。测量时将长为 L 的波导棒插入土壤中，电磁脉冲信号从波导棒始端传到终端，波导棒终端处于开路状态，脉冲信号受反射又沿波导棒返回到始端。根据返回时间和返回时脉冲衰减可计算土壤中的水、盐含量。由于空气、干土和水中的介电常数相对固定，如果对特定的土壤和介电常数的关系已知，就可间接对土壤水分进行有效介电常数测量。土壤中固体成分占其容积的 50% 左右，土壤固体成分的介电常数一般为 2，水的介电常数约为 80，因此土壤水分数量的多少对土壤的介电常数影响很明显。不同质地土壤的介电常数与土壤含水量的关系可以统一标定，误差在 5% 以内。而且容重、温度对土壤的介电常数与土壤含水量的关系影响很小。时域反射仪通过测定电磁波在土壤中传播一定距离所需的时间，求出土壤的介电常数，再根据仪器中已标定的土壤容积水含量与土壤介电常数的关系推求出土壤含水量。

时域反射法测量土壤含水量的原理得到了大家的普遍认可，大量学者对 TDR 测量土壤含水量的测量敏感区域、土质对测量结果的影响，TDR 探头几何结构对测量结果的影响，被测土壤中石块、气隙等杂物对测量结果的影响，用 TDR 来监测植物生长需水状况及与其他土壤水分快速测量方法的比较等方面做了大量的研究。

　　基于 TDR 方法的土壤水分测试仪能够满足快速测量的实时性要求，可是对土壤这种复杂的多孔介质对象，虽然土壤含水量 θ 的变化能够显著地导致介电常数 s 的改变，但在传感器探针几何长度受到限制的条件下，由气－固－液三相混合物介电常数 s 引起的入射－反射时间差却仅仅是 10^{-9} 数量级。若要对如此短的滞后时间进行准确测量，从无线电测量技术的角度来看难度极大，因为从探针末端到信号采集器之间的任何一段电缆或连接器等都可以等效成测量回路中的一段低通滤波器或延迟线，这使得 TDR 土壤水分速测仪不可能测量 10cm 以内的垂直表层平均土壤含水量，而对某些作物来说 10cm 以内的垂直表层平均土壤含水量又是一个非常重要的控制指标，这是 TDR 土壤水分速测仪的一大缺陷。

二、频域反射法测土壤水分

　　荷兰瓦赫宁根大学学者通过大量的研究，在 1992 年提出了频域分解方法（Frequency Domain Reflectometry, FDR）。该法利用矢量电压测量技术，在某一理想测试频率下将土壤的介电常数进行实部和虚部的分解，通过分解出的介电常数虚部可得到土壤的电导率，由分解出的介电常数实部换算出土壤含水率；在 1993 年，研究者设计开发出了一种用于 FDR 土壤水分传感器的专门芯片 ASIC

（Application Specific Integrated Circuit），它 不 仅 提 高 了 FDR 土壤水分传感器的可靠性，而且极大地降低了其大规模生产成本，使 FDR 土壤水分传感器从研究阶段逐步走向生产推广阶段。

FDR 土壤水分监测传感器的测量原理是插入土壤中的电极与土壤（土壤被当作电介质）之间形成电容，并与高频振荡器形成一个回路。通过特殊设计的传输探针产生高频信号，传输线探针的阻抗随土壤阻抗变化而变化。阻抗包括表观介电常数和离子传导率。应用扫频技术，选用合适的电信号频率使离子传导率的影响最小，传输探针阻抗变化几乎仅依赖于土壤介电常数的变化。这些变化产生一个电压驻波。驻波随探针周围介质的介电常数变化增加或减小由晶体振荡器产生的电压。电压的差值对应于土壤的表观介电常数。插入土壤中的电极与土壤（土壤被当作电介质）之间形成电容，并与高频振荡器形成一个回路。当高频波施加在此电容上时，会产生一个与土壤电容（土壤的介电常数）相关的共振频率，共振频率振幅的变化反映了土壤含水量的变化，共振频率的振幅也反映了土壤的电导率。

FDR 利用电磁脉冲原理，根据电磁波在土壤中的传播频率来测试土壤的表观介电常数，来得到土壤容积含水量。从电磁角度看，土壤由 4 种介电物质组成：空气、土壤固体物质、束缚水和自由水。在无线电频率标准状态时（20℃，1 大气压），纯水的介电常数是 80.4，土壤固体为 3~7，空气为 1。土壤的介电特性是以下几个因子的函数：

电磁频率、温度和盐度、土壤容积含水量、束缚水与土壤总容积含水量之比、土壤容重、土壤颗粒形状及其所包含的水的形态。由于水的介电常数远远大于土壤基质中其他材料的介电常数和空气的介电常数，因此土壤的介电常数主要依赖于土壤的含水量。

FDR 测量土壤含水量的原理与 TDR 类似，FDR 的探头称为介电传感器（Dielectric Sensor），主要由一对电极（平行排列的金属棒或圆形金属环）组成一个电容，其间的土壤充当电介质，电容与振荡器组成一个调谐电路。FDR 应用 100MHz 正弦曲线信号，通过特殊设计的传输线到达介电传感器，介电传感器的阻抗依赖于土壤基质的介电常数。FDR 使用扫频频率来检测共振频率（此时振幅最大），土壤含水量不同，发生共振的频率不同。FDR 的传输线设计为最大电压，即它的起始电压：

$$V_0=\alpha(1-\rho)$$

式中，α 是振荡器输出的电压振幅；ρ 是反射系数。

接合处的最大电压：

$$V_J=\alpha(1+\rho)$$

因此，振幅的差额为：

$$V_J-V_0=2\alpha\rho$$

测量这种振幅就会得到探测器的相对阻抗，若 Z_L 代表传输线的阻抗，Z_M 代表插入到基质中的探测器的阻抗，那么，反射系数：

$$\rho = \frac{Z_M - Z_L}{Z_M + Z_L}$$

同轴传输线的阻抗决定于它的物理尺寸和绝缘材料的介电常数，即：

$$Z = \frac{60}{\sqrt{\varepsilon}} \cdot \ln\left[\frac{r_2}{r_1}\right]$$

式中，r_1 和 r_2 分别是信号导体和屏蔽导体的半径。

许多学者建立过介电常数的平方根与容积含水量之间的线性关系方程，FDR 根据下列方程式，以测定表观介电常数 s 的方法测量土壤的容积含水量：

$$\theta_v = \left[\frac{\varepsilon - r_2}{a_1}\right]$$

式中，a_0 和 a_1 是由土壤类型确定的常数。

FDR 墒情传感器采用的是 100MHz 左右的电磁波，波在传输过程中受土壤的温度和电导率（盐分）的影响大，即使采用温度补偿，其测量精度比 TDR 墒情传感器仍可能要低一些。这是由频域测量技术决定的。

三、驻波率法测土壤水分

基于驻波率原理的土壤水分速测方法与 TDR 和 FDR 两种土壤水分速测方法一样，同属于土壤水分介电测量。针对 TDR 方法和 FDR 方法的缺陷，研究者提出了基于微波理论中的驻波比原理的土壤水分测量方法。与 TDR 方法不同的是，这种测量方法不再利用高速延迟线测量入射—反射时间差，而是测量它的驻波比，他们的试验表明，三态混合物介电常数的改变能够引起传输线上驻波比的显著变化。由驻波比原理研制出的仪器在成本上有了很大幅度的降低，但在测量精度和传感器的互换性上尚不及 TDR 方法。

影响驻波比测量精度的关键问题之一是探头的特征阻抗的计算。它属于非规则传输线特征阻抗的计算，首先需要建立描述探针周围电磁场分布梯度的偏微分方程，再利用复变函数理论构造一个合适的映射函数，将其变换到复数域上去分析。由于构造一个合适的映射函数难度很高，在某些情况下可以用数学分析中的夹逼定理去计算土壤探针的特征阻抗。此外，在探针的结构设计上通过大量实验发现，改变探针间的长短比值可以显著拓宽传感器的线性输出范围。

基于驻波率原理的土壤水分测量装置如图 3-7 所示，它由信号源、传输线和探针三部分构成。其中信号源为100MHz 的正弦波，传输线系特征阻抗为 50Ω 的同轴电缆，探针分布呈同心四针结构。

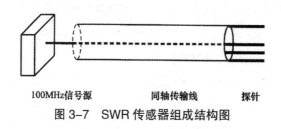

100MHz信号源　　　　　同轴传输线　　　探针

图 3-7　SWR 传感器组成结构图

实验表明三态混合物介电常数的改变能够引起传输线

上驻波比的显著变化，故通过测量传输线两端的电压差即可得到土壤的容积含水量。

四、中子法测土壤水分

中子仪是测量土壤体积含水量的仪器。中子水分计由高能放射性中子源和热中子探测器构成。中子源向各个方向发射能量在 0.1~10.0M 电子伏特的快中子射线。在土壤中，快中子迅速被周围的介质，其中主要是被水中的氢原子，减速为慢中子，并在探测器周围形成密度与水分含量相关的慢中子"云球"。散射到探测器的慢中子产生电脉冲，且被计数；在 1 个指定时间内被计数的慢中子的数量与土壤的体积含水量相关，中子计数越大，土壤含水量越大。中子仪适合人工便携式测量土壤墒情，采用中子水分仪定点监测土壤含水率时，每次埋设导管之前，都应以取土烘干法为基准对仪器进行标定。因中子仪器带有放射源，设备的管理和使用受到环境的限制。

仪器包括快中子源、慢中子检测器、处理记录显示仪。快中子源常用低剂量的镅、铍放射源，使用时和慢中子检测器一起埋设在测量点。记录显示仪控制仪器定时测量计数，并显示和记录测得数值。

中子土壤湿度仪测量准确度较高，是一种早已被采用的仪器。慢中子产生的原因就和水中的氢原子有关，放射源是比较稳定的，慢中子计数也是很准确的。标定曲线的准确性决定了仪器的测量准确度。

中子土壤湿度仪工作稳定、测量迅速、准确度高，很适于长期自动测量。由于它具有放射性，也最好能长期固定应用。事实上目前的仪器所使用的放射性物质剂量很小，只要注意使用要求，不会有碍于人体和环境。

五、张力计法测土壤水分

张力计是测量非饱和状态土壤中张力的仪器。常用的张力计测量范围为 0~100kPa。水总是从高水势的地方流向低水势的地方，土壤中的水分运移基于土壤水势梯度。水势反映了土壤的持水能力。水分在土壤中受多种力的作用，使得其自由能降低，这种势能的变化称为土水势（土壤吸力）。张力计的应用原理类似于植物根系从土壤中获取水分的抽吸方式，它测量的是作物要从土壤中汲取水分所施加的力。因张力计价格低廉，可以在应用研究田块中大量布设来研究土壤水分布。压力值显示可以是指针式表和压力传感器，通过电气改造，传感器可用于自动测量。

张力计下端装有一特制瓷杯，瓷杯壁上的孔隙允许有压水通过孔隙，而对空气起阻止作用。将张力计内装满水，密封后埋入土壤中。张力计中的水通过瓷杯壁上的孔隙与土壤水分建立水力联系。当张力计内外的水势大小不同时，水将由高水势处向低水势处运动，直到内外水的势能达到平衡。除非土壤水分饱和，在土壤水吸力的作用下张力计内的部分水会向外运动而使张力计内形成负压，测量张力计内负压的大小即可得到土壤水吸力的值。用压力变送器进行测压。张力计法测量土壤水分的原理如图 3-8 所示。

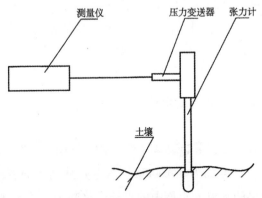

图 3-8　张力计法测土壤水分

随着现代信息技术、计算机技术等的突飞猛进，土壤水分快速测量技术的研究也有了快速的发展，其发展趋势主要表现在以下几点：

● 借助现代新技术的不断发展，进行新型传感技术的开发。现代各种学科新技术不断发展，特别是大规模集成技术、微波技术、辐射技术、光谱等技术的发展为土壤水分快速测量的研究提供了许多新途径，随着这些技术的不断完善和成本的逐渐降低，为新型传感技术的开发提供了坚实的基础。

● 现代信息技术的应用研究。随着精准农业发展的要求，单纯测得一个土壤含水量已不能满足农业生产的需求，必须将土壤含水量的测量技术和现代信息技术结合起来，使得土壤水分信息与各种农业生产所需信息相结合，共同为农业生产服务。单纯依靠传感器研究和测量电路设计等硬件技术已很难完成土壤墒情监测、土壤水分预报等工作。因此，随着现代信息技术的不断完善和发展，将分形技术、神经网络、地理信息系统等理论和技术融合到土壤水分测量方法的研究中来，使得对土壤水分快速测量的重新认识成为一个不可避免的研究趋势。

•水分快速测量标定方法的研究。由于土壤特性的复杂性和空间变异性，测量结果受土壤质地、测量环境等多种因素的影响，造成了同种测量方法对不同土壤的不一致性，因此，寻找一种可靠有效的标定方法是迫切需要的，这对土壤水分快速测量方法的理论研究和实际应用都具有极其重要的意义。

第四章

农作物环境信息的探索

第一节　农作物环境信息传感器的运用

一、溶解氧传感器

溶解氧是指溶解于水中的分子状态的氧，用 DO 表示。溶解氧是水生生物生存不可缺少的条件。对于水产养殖业来说，水体溶解氧对水中生物如鱼类的生存有着至关重要的影响，当溶解氧低于 3mg/L 时，就会引起鱼类窒息死亡。对于人类来说，健康的饮用水中溶解氧含量不得小于 6mg/L。

目前溶解氧的检测主要有碘量法、电化学探头法和荧光猝灭法三种方式。其中碘量法是一种传统的纯化学检测方法，测量准确度高且重复性好，在没有干扰的情况下，此方法适用于各种溶解氧浓度大于 0.2mg/L 和小于氧饱和度两倍（约 20mg/L）的水样。碘量法分析耗时长，水中有干扰离子时需要修正算法，程序烦琐，无法满足现场测量的要求。对于需要长期在线监测溶氧的场合，一般采用电化学探头法和荧光猝灭法。图 4-1 为采用电化学探头法的溶解氧传感器，图 4-2 为采用荧光猝灭法的溶解氧传感器。

图 4-1　采用电化学探头法的溶解氧传感器

图 4-2　采用荧光猝灭法的溶解氧传感器

（一）溶解氧检测原理

1. 电化学探头法

根据工作原理，电化学探头法可分为原电池法和极谱法两种，它们都属于薄膜氧电极，该电极最早由 L.C.Clark 研制，故亦称 Clark 氧电极，它实际上是一个覆盖聚乙烯或聚四氟乙烯薄膜的电化学电池，由于水中溶解氧能透过薄膜而电解质不能透过，因而排除了被测溶液中各种离子电解反应的干扰，成为测定溶解氧的专用性电极。氧气通过膜扩散的速度和氧气在两侧的压力差是成比例的。因为氧气在阴极上快速消耗，可以认为氧气在膜内的压力为零，所以氧气穿过膜扩散的量和外部的氧气的绝对压力是成比例的。

覆膜氧电极的优点是灵敏度高，响应迅速，测量方法比较简单，适用于地表水、地下水、生活污水、工业废水和盐水中溶解氧的测定，可测量水中饱和百分率为0%~200%的溶解氧。

（1）极谱法

在极谱法的氧电极中，由黄金（Au）或铂金（Pt）作阴极，银－氯化银（或汞－氯化亚汞）作阳极，电解液为氯化钾溶液。需要在两电极之间加一适当的极化电压，此时溶解氧透过高分子膜，然后在阴极上发生还原反应，电子转移产生了正比于试样溶液中氧浓度的电流，其反应过程如下：

①阳极氧化反应

$$4Ag+4Cl^-→4AgCl+4e^-$$

②阴极还原反应

$$O_2+2H_2O+4e^-→4OH^-$$

③全反应

$$4Ag+O_2+2H_2O+4Cl^-→4AgCl+4OH^-$$

根据法拉第定律：$i=K·N·F·A·C_s·P_m/L$，其中，K 为常数；N 为反应过程中的失电子数；F 为法拉第常数；P_m 为薄膜的渗透系数；L 为薄膜厚度；A 为阴极面积；C_s 为样品中的氧分压。当电极结构固定时，在一定温度下，扩散电流的大小只与样品氧分压（氧浓度）成正比例关系，测得电流值大小，便可知待测试样中氧的浓度。

（2）原电池法

原电池法氧电极一般由铅（Pb）作阴极，银（Ag）作阳极，电解液为氢氧化钾溶液。当外界氧分子透过薄膜进入电极内并到达阴极的三相界面时，产生如下反应：

①阳极氧化反应

$$2Pb+2KOH+4OH^--4e\rightarrow2KHPbO_2+2H_2O$$

②阴极还原反应

$$O_2+2H_2O+4e^-\rightarrow4OH^-$$

即氧在银阴极上被还原为氢氧根离子，并同时向外电路获得电子；铅阳极被氢氧化钾溶液腐蚀，生成铅酸氢钾，同时向外电路输出电子。接通外电路之后，便有信号电流通过，其值与溶氧浓度成正比。

对于这两种类型的氧传感器，其内部的氧气都在阴极上快速消耗，可以认为氧气在膜内的压力为零，因此氧气穿过膜扩散的量和外部的氧气的绝对压力是成比例的。但在实际应用中，氧电极的输出信号除了与水体氧气分压有关外，还与水体的温度、流速、盐度、水质、大气压力等因素有关，而且电极本身也存在零点漂移和膜老化等问题。其中水体温度对传感器响应的影响最为明显，在海水中应用时，盐度的影响也必须考虑，因此为保证溶解氧的测量精度必须采取有效的温度和盐度补偿措施，并对电极进行定期校准。

极谱法传感器的优势是有比较长的阳极寿命、较长的质保期和在电解液中不会有固体产生，缺点是需要较长的极化预热时间；原电池法的优点是不需要极化预热、响应快、校准维护方便，缺点是电极寿命相对较短。

2. 荧光猝灭法

荧光猝灭是指荧光物质分子与溶剂分子或溶质分子之间所发生的导致荧光强度下降的物理或化学作用过程，与荧光物质分子发生相互作用而引起荧光强度下降的物质称为荧光猝灭剂。荧光猝灭法的测定是基于氧分子对荧光物质的猝灭效应原理，根据试样溶液所发生的荧光的强度或寿命来测定试样溶液中荧光物质的含量。

荧光猝灭法的检测原理是根据斯特恩 – 沃尔默的猝灭方程：

$$\frac{I_0}{I} = \frac{\tau_0}{\tau} = 1 + Ksv[Q]$$

式中，I_0、I、τ_0、τ 别为无氧气和有氧气条件下的荧光强度和寿命；Ksv 为方程常数；［Q］为溶解氧浓度。根据实际测得的荧光强度 I_0、I，已知的 Ksv，可计算出溶解氧的浓度［Q］，由于荧光寿命是荧光物质的本征参量，不受外界因素的影响，因此，对荧光寿命的测定可提高测定的检测准确度和增强抗干扰能力。采用相移法来实现对荧光寿命的测定。

（二）溶解氧传感器的变送技术

1. 极谱法氧电极的变送技术

图 4-3 是一款基于极谱法氧电极的智能溶解氧传感器的工作原理图，它参考了 IEEE1451 的设计思路，可以实现对溶解氧测量的自动温度补偿和盐度补偿，可用于水产养殖长期在线检测。该溶解氧智能传感器包括极谱法溶解氧探头、温度电导率探头、信号调理模块、TEDS 存储器、微控制器、总线接口模块、电源管理模块。通过溶解氧探头采集出水体的溶解氧信号以及通过温度电导率探头采集出温度信号和电导率信号，经过变送电路传给微控制器的 A/D 输入端，再由微控制器根据 TEDS 存储器存储的 TEDS 参数以及经过处理后的传感器信号计算出溶解氧含量、电导率、温度和实用盐度，并通过总线接口模块对以上变量进行输出。

其中溶解氧信号调理模块工作原理如图 4-4 所示，Clark 氧电极工作时需要 0.7V 左右的极化电压，经过一段时间预热之后，其输出的电流便与水体的溶解氧含量成正比；此电流一般为纳安级微弱电流，再经过 I/V 转换电路、零点调整电路和量程转换电路变为 0~2.5V 的电压信号，最后通过微控制器或单片机内的 A/D 转换电路转换为数字化的相关信号，为下一步温度、盐度补偿校正提供溶解氧原始输入信号。

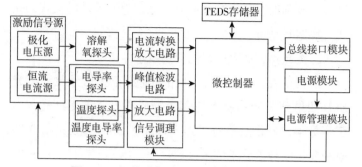

图 4-3 智能溶解氧传感器的工作原理图

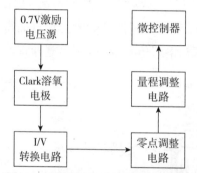

图 4-4 溶解氧信号调整模块原理图

由于极谱法氧电极对温度非常敏感，必须进行温度补偿，该溶解氧传感器的温度补偿校正算法流程图为：当采样时间到，系统由低功耗模式唤醒之后，电源控制模块向检测调理电路供电，并开启 A/D 转换，读取溶解氧和温度的原始电压值，经过数字滤波去除干扰后，先对溶氧信号进行零点校正，然后根据温度补偿曲线初步计算溶解氧含量，再对初步计算结果进行斜率（电极效率）校正，最后判断溶氧信号是否达到稳定，若未达到继续采样处理，若已经达到则保存最终测量结果，系统返回低功耗模式，完成一次定时测量。

2. 荧光猝灭法氧电极的变送技术

根据荧光猝灭原理，锁相环输出正弦信号驱动蓝光LED 照射到荧光物质上使荧光物质激发并发出红光，由于氧分子可以带走能量（猝灭效应），所以激发的红光的时间和强度与氧分子的浓度成反比。由光电探测器得到的荧光信号经过闭环的相位负反馈过程，最终使锁相环路锁定，可将相位差测量转换为频率的测量。由微控制器进行数据采集和处理，计算得到荧光寿命进而得到溶解氧浓度。荧光猝灭法溶氧传感器探头及变送原理如图4-5所示。

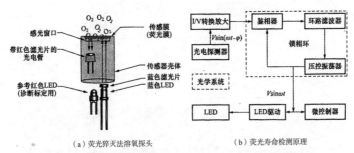

（a）荧光猝灭法溶氧探头　　　（b）荧光寿命检测原理

图 4-5　荧光淬灭法溶氧传感器探头及变送原理图

二、电导率传感器

（一）电导率检测原理

电导率（EC）是以数字表示溶液传导电流的能力，通常用它来表示水的纯度。纯水的电导率很小，当水中含有无机酸、碱、盐或有机带电胶体时，电导率就会增加。水溶液的电导率取决于带电荷物质的性质和浓度、溶液的温度和黏度等。

电导率测量通常采用的方法有三种，即超声波电导率测量法，利用超声波完成对电导率的测量；电磁式电导率测量法，利用电磁感应原理，通过产生交变磁通量的方法实现电导率测量；电极式电导率测量法，测量电极间电阻，间接求得溶液电导率。其中电磁式电导率测量法和超声波电导率测量法检测元件不与被测溶液直接接触，常用于测量强酸、强碱等腐蚀性液体的电导率，但受到测量机理限制，测量范围较窄，无法对低电导溶液进行测量。

电极式电导率测量依据电解导电原理，需要将电极插入被测溶液中进行测量，是目前最常用的电导率测量方法，其具体实现方法有分压法、相敏检波法、双脉冲法、动态脉冲法、频率法等。

在电极式电导率测量法中用于测量的电导池通常由2~5个金属电极按照一定的几何形状加以装配而成，其电阻测量值取决于样品溶液流通体积的长度以及电极的面积，或者简而言之取决于单个电导池的几何结构。对于如平行极板电容器一样简单的几何体而言，电导池常数 K_{cell} 可以通过电极间距离 L 除以电极面积 A 计算，$K_{cell}=L/A$。而在实际应用中，电导池的几何形状复杂，则不能够如此简单计算。因此电导池常数最好采用校正法进行测定。另外，鉴于各个电导池之间有差异，电导池常数是采用单个测定后标注于池体上。

电导池在测量过程中表现为一个复杂的电化学系统，测量结果主要受极化效应、电容效应和温度三方面的影响，在一定条件下，电导池可简化等效为溶液电阻和电极引线分布电容并联的形式。

在电导率的测量过程中，温度会直接影响到电解质的电离度、溶解度和离子浓度，对测量结果的影响最为严重，温度补偿的方法很多，如恒温法、手动补偿法和自动补偿法等。目前最为成熟方法的是在测量电导率的同时测量溶液温度，进行查表补偿或公式补偿。

（二）电导率传感器的变送技术

电导率信号调理模块原理图如图 4–6 所示，由恒流源电路、极性转换电路、差分放大电路、峰值检波电路和温度检测电路构成。该电导率探头采用四电极结构，由一对电流电极和一对电压电极构成，另外在电极前端还增加了一个热敏电阻温度传感器。电导率信号调理模块的工作过程如下：恒流源产生的 1mA 激励电流在极性转换电路的控制下以 1kHz 的频率交替通过电导率的电流电极，交流电流信号在被测水体介质里建立起电场，该电场可以在电压电极上感应出电压，而感应出的电压降与水体的电导率成正比，所以测量出的电压电极上感应出的电压即为电导率信号，此信号经过差分放大和峰值检波后变为 0~2.5V 的直流电压信号送入微控制器的 A/D 输入端。采用交流电流源做激励，且激励电流电极和测量电压电极分开的四电极结构可以有效减小电极的极化效应，提高测量精度，延长电极的寿命。图4-7为电导率传感器实物图。

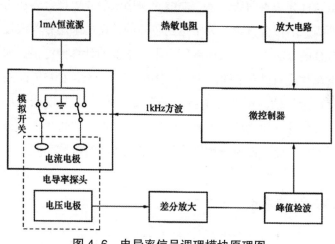

图4-6 电导率信号调理模块原理图

图4-7 电导率传感器

电导率变送电路的输出电压在不同浓度的氯化钾溶液中随温度呈线性变化，但不同溶液变化的速率不相同。对于同一种溶液，其电导率值的变化一般用如下公式计算：

$$C_t = C_{25}[1+\alpha(t-25)]$$

式中，C_t为任意温度下的电导率值；C_{25}为25℃下的电导率值；t为温度值；α为该溶液的温度系数，α值可以通过试验获得。上述电导率变送电路在室温 25℃的输出特性为一条曲线，且该曲线无法用多项式等拟合方法得到满意的拟合方程，为了达到较高的精度可采用分段线性拟合的方法。对于其他温度下电导率值的计算，可根据如下流程进行处理：调出 TEDS 中电导率传感器在 25℃时的分段边界值，以及各个溶液的温度系数 α，并根据调出的参数计算出当前温度下电导率传感器的分段边界值，进一步根据此分段值线性插值计算出该溶液的电导率值 C_{25}。

三、pH 传感器

（一）pH 检测原理

在既非强酸性又非强碱性（$2 < pH < 12$）的稀溶液中，pH 定义为氢离子浓度的负对数。因此 pH 电极就是用来测量氢离子浓度即溶液酸度的装置，属于离子选择性电极（ISE）的一种。

电化学分析方法的重要理论依据是能斯特方程，它是将电化学体系的电位差与电活性物质的活度（浓度）联系起来一个重要公式。

$$E=E^0-\frac{RT}{nF}\ln\frac{a_{i1}}{a_{i2}}=E^0+2.303\frac{RT}{nF}\lg\frac{a_{i1}}{a_{i2}}$$

式中，E 为单电极电位；E^0 为标准电极之间的电位差；T 为绝对温度，单位 K；R 为气体常数，等于 8.31J/（mol·K）；n 为在 E^0 下转移电荷的摩尔数；F 为法拉第常数，为每摩尔电子所携带的电量，等于96467C；α_i为离子活度，下标1、2对应于离子的两种状态——还原态和氧化态，对应于液体溶液，离子活度定义为：$a_i=C_if_i$，其中C_i第i种离子的浓度，f_i为离子活度系数，对于很稀（$< 10^{-3}$mol/L）的溶液，$f_i \approx 1$。

在室温条件（25℃）下，能斯特方程可简化为如下形式：

$$E=E^0+\frac{0.05915}{n}\lg \frac{a_{i1}}{a_{i2}}$$

此式表明，单个电子电荷的氧化或还原过程中，离子浓度每变化10倍，电化学体系的电位差将变化59mV。需要注意的是，能斯特方程仅适用于低离子浓度的场合，这里所指的离子浓度，不仅仅是参与电化学反应的活性离子，还包括了体系中的各种离子。离子所携带的电荷越多，则适用能斯特方程的浓度越低。

由于玻璃敏感膜内阻非常大，在常温时达几百兆欧，因此，插头和连接端之间必须保持绝缘电阻大于10^{12}欧姆，但当被测溶液温度增加时内阻则会有所减少。

（二）pH传感器的变送技术

由于pH电极的输出阻抗特别高，所以放大电路的第一级必须选用高输入阻抗的运放进行阻抗匹配，另外，在实际应用中发现，电极探头输出的信号容易受50Hz工频信号干扰，所以在信号调理模块中增加了低通滤波环节。

图 4-8 是 pH 电极变送调理电路的工作原理图，其中阻抗匹配电路是由高输入阻抗运算放大器构成的一级电压跟随器，在其输入端和模拟地之间，需放置一个 1nF、低漏电流的涤纶电容，既可起到电荷保持的作用，又可以起到一定的滤波作用，但由于电容较小，对于 50Hz 工频信号滤波作用并不明显，还需要增加一级低通滤波电路。然后经过零点调整和量程转换变为 0~2.5V 的电压信号，最后通过微控制器或单片机内的 A/D 转换电路转换为数字信号为后面的标定补偿做准备。

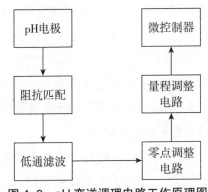

图 4-8　pH 变送调理电路工作原理图

图 4-9　pH 传感器

为了对 pH 传感器进行标定，在室温（25℃）下分别用 0.05mol/L 的邻苯二甲酸氢钾、0.025mol/L 的混合磷酸盐和 0.01mol/L 硼砂制备 pH 为 4、6.86 和 9.18 三种标准溶液，然后将活化后的 pH 探头浸入标准溶液中，待数值稳定后记录，可得一条标定曲线。因标定曲线的线性度很好，可用 pH=A_x+B 来表示，故只需将零点和斜率写入传感器的标定 TEDS 即可。

四、氨氮传感器

（一）氨氮检测原理

水体的氨氮含量是指以游离态氨 NH_3 和氨离子 NH_4^+ 形式存在的化合态氮的总量，是反映水体污染的一个重要指标，游离态的氨氮到一定浓度时对水生生物有毒害作用，例如，游离态的氨氮在 0.02mg/L 时即能对某些鱼类造成毒害作用。氨在水中的溶解度在不同温度和 pH 下是不同的，当 pH 偏高时，游离氨的比例较高，反之，则氨离子的比例较高。一定条件下，水中的氨和铵离子有下列平衡方程式表示：

$$NH_3+H_2O=NH_4^++OH^-$$

测定水体中氨氮含量有多种方法，现有的测定氨氮的方法主要有蒸馏分离后的滴定法、纳氏试剂分光光度法、苯酚一次氯酸盐（或水杨酸一次氯酸盐）分光光度法、电极法（包括铵离子、氨气敏和电导法）、光纤荧光法及光谱分析法等。

上述方法均存在一些局限，比如，滴定法的灵敏度不够高，分光光度法化学试剂用量大、步骤繁杂，铵离子电极法易受其他一价阳离子干扰，气敏电极测试水样 pH 必须调整到大于 11，光纤荧光法技术还不成熟、光谱分析法仪器成本昂贵等。其中相对较适用于现场快速检测的是氨气敏电极法。下面对其工作原理做一下简单介绍。

氨气敏电极为复合电极，如图 4-10 所示，它以 pH 玻璃电极为指示电极，Ag/AgCl 电极为参比电极。此电极被置于盛有 0.1mol/L 氯化铵内充液的塑料电极杆中，其下端紧贴指示电极敏感膜处装有疏水半渗透薄膜（聚偏氟乙烯薄膜），使内电解液与外部试液隔开，半透膜与 pH 玻璃电极间有一层很薄的液膜。水体中的氨气和铵离子的浓度与水的离子积常数 K_w 和 NH_3 碱离解度常数 K_b 有关，而不同温度下水的离子积常数 K_w 和 NH_3 碱离解度常数 K_b 是变化的，可以通过如下公式计算水体中的氨气和铵离子的浓度比例：

$$\frac{NH_4^+}{NH_3} = \frac{K_b}{K_w}[H^+] = \frac{10^{\Delta*}}{10^{pH}}$$

式中，$\Delta = pK_w - pK_b$，$pK_w = -lgK_w$，$pK_b = -lgK_b$。

当水样中加入强碱溶液将 pH 提高到 11 以上时铵盐会转化为氨气，生成的氨气由于扩散作用而通过半透膜使氯化铵电解质液膜层内 $NH_4^+ = NH_3 + H^+$ 的反应向左移动，从而引起氢离子浓度改变，由 pH 玻璃电极测得其变化。

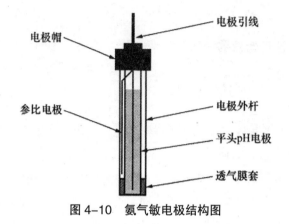

图 4-10　氨气敏电极结构图

（二）氨氮传感器的变送技术

因为氨气敏电极的指示电极实际为 pH 电极，所以其变送电路与 pH 传感器完全相同，这里不再详述。需要说明的一点是，由变送电路输出的电压信号是与氨氮浓度的对数呈良好的线性关系的，所以要对标定后的数据取指数后才可以得到氨氮浓度值。图 4-11 为氨氮传感器实物图。

图 4-11　氨氮传感器实物

五、浊度传感器

（一）浊度检测原理

浊度是评价水的透明程度的量度。由于水中含有悬浮及胶体状态的微粒，使得原本无色透明的水产生浑浊现象，其浑浊的程度称为浊度。浊度显示出水中存在大量的细菌、病原体或是某些颗粒物，这些颗粒物可能保护有害微生物，使其在消毒工艺中不被去除，因此无论在饮用水、工业过程还是水产养殖中，浊度都是一个非常重要的参数。根据测量原理，浊度的测量有透射光测定法、散射光测定法、表面散射光测定法和透射光 – 散射光比较测定法等几种，其中较为常用的是散射光测定法，下面简单介绍一下其工作原理。

一定波长的光束射入水样时，由于水样中浊度物质使光产生散射，散射光强度与水样浊度成正比，通过测定与入射垂直方向的散射光强度，即可测出水样中的浊度。按照测定散射光和入射光的角度的不同，分为垂直散射式、前向散射式、后向散射式三种方式，如图 4–12 所示。

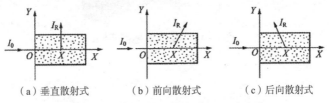

（a）垂直散射式　　（b）前向散射式　　（c）后向散射式

图 4–12　散射式浊度检测原理及分类

其工作原理是当一束光通过被测水样时，其 90°方向的散射光强度 I_R 可以用下式表示：

$$I_R = \frac{KNV^2}{\lambda^4} = I_0$$

式中，I_0 为入射光的强度；N 单位容积的微粒数；V 微粒的体积；λ 为入射光的波长；K 为系数。在一定条件下，可假设 λ 和 V 为常数，因此在入射光不变的情况下，散射光强度 I_R 与浊度成正比，浊度的测量转化成散射光强度的测量。

（二）浊度传感器的变送技术

图 4–13 是一种智能浊度传感器的工作原理图，其电路部分包括恒流源、信号调理模块、微处理器、TEDS 存储器、总线接口模块和电源模块。光学测量探头部分包括 LED、透镜和光敏管。LED 发出的光线经透镜和窗口玻璃后生成平行光束，平行光束经被测水体生成散射光，散射光经窗口玻璃被光电管接收并转换成电信号传输至信号调理模块变换为 0~2.5V 的电压信号，最后通过 A/D 转换变为数字信号为后面的数据处理做准备。因为光电器件对温度较为敏感，所以探头内部集成了温度传感器，为浊度传感器的温度补偿提供参考；另外，为防止附着物污损探头，保证测量精度，该浊度传感器还设计了自清洗装置。

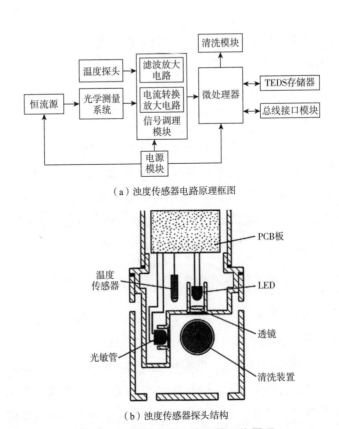

（a）浊度传感器电路原理框图

（b）浊度传感器探头结构

图 4-13　散射式浊度传感器工作原理

　　浊度的标定一般采用经二次过滤的蒸馏水和福尔马肼（Formazin）标准溶液在温度为20℃下进行，其中蒸馏水作为零点校正，福尔马肼标液需要根据传感器的量程选择，标定后的曲线存储在传感器的 TEDS 表格中。测量时先调出标定曲线，初步计算水体浊度值，然后再根据检测的水体温度，对其进行温度补偿，便可得到当时温度下的浊度值。

六、叶绿素 a 传感器

（一）叶绿素 a 检测原理

叶绿素 a 是植物进行光合作用的主要色素，普遍存在于浮游植物（主要指藻类）和陆生绿色植物叶片中，在水体中其含量反映了浮游植物的浓度，可以通过对水中叶绿素 a 浓度的检测来监视赤潮和水质环境状况。此外，浮游植物是海洋湖泊生态系统中最主要的初级生产者和能量的主要转换者，浮游植物生物量的多少决定了海区内生态系统的群落结构和能量分布状态。因此，叶绿素 a 含量还可以作为估算海洋、湖泊初级生产力的重要依据。

目前测量叶绿素 a 主要使用分光光度法和荧光分析法。分光光度法大多采用罗伦森（Lorenzen）提出的单色分光光度法，采集的样品必须经过处理后才能用该方法进行测定，叶绿素 a 浓度的检测极限为 1 μg/L。若水中叶绿素 a 的含量极低，则应采用荧光分析法，其工作原理是：用 430nm 波长的光照射水中浮游植物，浮游植物中的叶绿素将产生波长约为 677nm 的荧光，测定这种荧光的强度，通过其与叶绿素 a 浓度的对应关系可以得出水中叶绿素 a 的含量。

（二）叶绿素 a 传感器的变送技术

图 4-14 给出了叶绿素 a 浓度检测传感器的工作原理

框图，其主要工作流程如下：首先通过超高亮蓝色LED组光源对叶绿素a样品池进行激发照射，然后通过透镜的聚光以及窄带干涉滤光片接收叶绿素a受激产生的荧光信号，并通过光电转换器件将其转换为电路所能处理的电信号，再经由信号调理电路转换为0~2.5V的电压信号，输入微控制器进行处理。

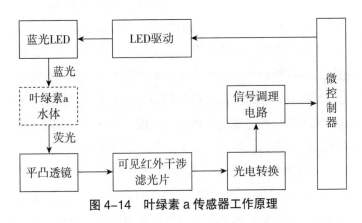

图4-14　叶绿素a传感器工作原理

叶绿素a传感器的标定一般需要标准物质，在低浓度时变送器的输出电压与叶绿素a浓度呈线性关系，当溶液浓度增大到一定程度时，曲线的斜率变小，荧光强度随着溶液浓度的变化不再是线性变化，基本成负指数关系，符合朗伯比尔吸收定律。因此，对于大量程的叶绿素a传感器，需要利用分段线性化的方法进行标定计算。

第二节　太阳辐射能的测量

太阳辐射能是大气中一切物理现象、物理过程的形式、发展变化以及植物生长发育最基本的能量源泉，太阳辐射量是农业、环境、资源、生态等研究的重要基础数据。太阳辐射量是决定气温分布的重要因子；太阳辐射量及日照时间长度直接影响森林生物量和生产力。太阳辐射与农业生产关系十分密切。太阳辐射与热量、水分条件的不同组合，形成不同的农业气候类型，影响到农业生物的地域分布、农业结构、农业生产布局和发展。

目前对太阳辐射量的测量可以分为光电效应和热电效应两种。光电效应主要采用光电二极管、硅太阳电池作为探测器，硅太阳电池的短路电流与辐照度呈线性关系，可满足在弱日射（＜20W/m²）到最大日射（1367W/m²）之间具有较好线性度的要求。其灵敏度高，响应速度快，性能价格比优越，光谱响应范围宽，对0.3~1.1μm的光谱均有较高的灵敏度。

热电效应就是将两个或两个以上的热电偶串接在一起，其温差电动势就是几个热电偶温差电动势的叠加。其主要原理是赛贝尔效应，也叫第一热电效应。这种传感器具有响应速度快、灵敏度高、测量太阳辐射波长幅度宽等特点。

一、太阳辐射量检测原理

（一）硅太阳电池测量

硅太阳电池又叫硅光电池，利用其短路电流与辐照度呈线性的特性可以对太阳辐射量进行测量。一般光电型太阳辐射计至少包含硅探测器与余弦修正片两部分。硅光探测器设置在余弦修正片下面，集成了硅光电池和 I/V 转换电路模块，主要完成光电转换功能。余弦修正片主要对入射的太阳光进行余弦修正，使得系统测量的余弦误差大大减小。

（二）热电堆测量

采用热电堆即赛贝尔效应对太阳辐射量进行测量，主要通过绕线电镀式多点热电堆，其表面涂有高吸收率的黑色涂层。热接点在感应面上，冷结点在机体内，在线性范围内产生的温差电动势与太阳直接辐射度成正比。通常为了防止外界环境对其性能的影响，一般采用两层经过精密的光学冷加工磨制而成的石英玻璃罩。

二、太阳辐射计的变送技术

（一）硅太阳电池法测量太阳辐射量的变送技术

硅太阳电池法测量太阳辐射的电路非常简单，但是实现高精度和高稳定性测量则非常困难。通常硅太阳电池法的变送器设计部分，包括余弦修正片、光电探测器、I/V 转换电路、滤波放大电路、温度补偿电路、微控制器。硅太阳电池法变送模块如图 4-15 所示。

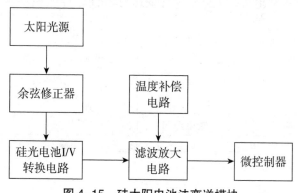

图 4-15 硅太阳电池法变送模块

系统在测量时，首先对入光口处的太阳光源进行余弦修正，然后经过硅光探测器实现 I/V 光电转换，此时的电信号正比于太阳辐射量，由于测量电路存在噪声误差和硅光电池存在温度漂移，所以在微控制器 AD 采集之前需要对其进行滤波放大与温度补偿。

（二）热电堆法测量太阳辐射量的变送技术

热电堆式太阳辐射计将太阳辐射量的测量转换成热辐射的测量，灵敏度高，准确性和稳定性好。系统在测量时，首先通过双层隔离式石英玻璃罩降低外界环境的干扰，太阳光接触到热电堆的热端面，由于其表面涂有高吸收率的黑色涂层，可以提高光热转换效率。热电堆在线性范围内产生的温差电动势与太阳直接辐射度成正比，所以通过温差电动势采集电路可以准确测量温差信息。同时为了减小热电堆的温度漂移系数，通常需要添加温度补偿电路对其补偿。热电堆式太阳辐射计变送模块如图 4-16 所示。

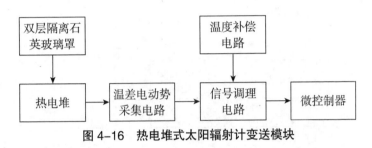

图 4-16　热电堆式太阳辐射计变送模块

第三节　空气温湿度的测量

在温室大棚方面，植物的生长对于温湿度要求极为严格，不当的温湿度下，植物会停止生长，甚至死亡。在动物养殖方面，各种动物在不同的温度下会表现出不同的生长状态，高质高产的目标要依靠适宜的环境来保障。空气温湿度作为主要的参考数据，对这些数据信号的采集是整个农业调控系统中重要的一部分。通常空气温湿度的测量大多采用集成感知器件，诸如 SHT 系列传感器、HMP45 系列传感器。

一、SHT 系列传感器测量原理

SHT 系列传感器是瑞士一家公司生产的具有 I2C 总线接口的单片全校准数字式相对湿度和温度传感器。该传感器采用独特的 CMOSens 技术，具有数字式输出、免调试、免标定、免外围电路及全互换的特点。传感器包括一个电容性聚合体湿度敏感元件和一个用能隙材料制成的温度敏感元件，并在同一芯片上与 14 位的 A/D 转换器以及串行接口电路实现无缝连接，芯片与外围电路采用两线制连接，而且每个传感器芯片都在极为精确的恒温室中以镜面冷凝式湿度计为参照进行标定，校准系数以程序形式存储在 OTP 内存中，在校正的过程中使用。

下面以 SHT1x 系列传感器为例来详细说明传感器的测量过程，SHT1x 通过两线串行接口电路与微控制器连接，连接示意图如图 4–17 所示。

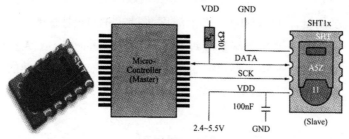

图 4–17 SHT1x 传感器实物图与其应用电路

其中，串行时钟输入线 SCK 用于微控制器与 SHT1X

之间的通信同步，而且由于 SHT1x 接口包含了完全静态逻辑，所以并不存在最小 SCK 频率限制，即微控制器可以以任意低的速度与 SHT1x 通信。串行数据线 DATA 引脚是三态门结构，用于内部数据的输出和外部数据的输入。DATA 在 SCK 时钟下降沿之后改变状态，并仅在 SCK 时钟上升沿后有效，所以微控制器可以在 SCK 高电平时读取数据，而当其向 SHT1X 发送数据时则必须保证 DATA 线上的电平状态在 SCK 高电平段稳定；为了避免信号冲突，微控制器仅驱动 DATA 在低电平，在需要输出高电平的时候，微控制器将引脚置为高阻态，由外部的上拉电阻将信号拉至高电平，从而实现高电平输出。

SHT1x 测量过程包括四个部分：启动传输、发送测量命令、等待测量完成和读取测量数据。微控制器首先用一组"启动传输"时序来表示数据传输的初始化，其时序图可查阅 SHT1x 的数据资料。

在"启动传输"时序之后，微控制器可以向 SHT1X 发送命令。命令字节包括高 3 位的地址位（目前只支持 000）和低 5 位的命令位。其中"00000101"表示相对湿度测量，"00000011"表示温度测量。SHT1x 则通过在数据传输的第 8 个 SCK 时钟周期下降沿之后，将 DATA 拉低来表示正确接收到命令，并在第 9 个 SCK 时钟周期的下降沿之后释放 DATA 线（即恢复高电平）。

二、HMP45 系列传感器测量原理

HMP45 系列温湿度传感器是芬兰公司开发的具有

HUMICAP 技术的新一代聚合物薄膜电容传感器。

（一）HMP45 系列温湿度传感器的结构

HMP45D 温湿度传感器应安装在其中心点离地面 1.5 米处。其中，温度传感器是铂电阻温度传感器，湿度传感器是湿敏电容湿度传感器，即 HMP45D 是将铂电阻温度传感器与湿敏电容湿度传感器制作成为一体的温湿度传感器，如图 4-18 所示。

图 4-18　HMP45D 温湿度传感器

（二）HMP45D 温度传感器工作原理

HMP45D 温湿度传感器的测温元件是铂电阻传感器。铂电阻温度传感器是利用其电阻随温度变化的原理制成的。标准铂电阻的复现可达万分之几摄氏度的精确度，在 –259.34~+630.74 范围内可作为标准仪器。铂电阻材料具有如下特点：温度系数较大，即灵敏度较大；电阻率较大，易于绕制高阻值的元件；性能稳定，材料易于提纯；测温精度高，复现性好。

由于铂电阻具有阻值随温度改变的特性，所以自动气象站中采集器是利用四线制恒流源供电方式及线性化电路，将传感器电阻值的变化转化为电压值的变化对温度进行测量。铂电阻在 0℃时的电阻值 R_0 是 100Ω，以 0℃作为基点温度，在温度 t 时的电阻值：

$$R_t=R_0(1+at+\beta t^2)$$

式中，a，β 为系数，经标定可以求出其值。由恒流源提供恒定电流 I_0 流经铂电阻尺。电压 I_0R_t 通过电压引线传送给测量电路，只要测量电路的输入阻抗足够大，流经引线的电流将非常小，引线的电阻影响可忽略不计。所以，自动气象站温度传感器电缆的长短与阻值大小对测量值的影响可忽略不计。测量电压的电路采用 A/D 转换器方式。

（三）HMP45D 湿度传感器工作原理

HMP45D 温湿度传感器的测湿元件是高分子薄膜型湿敏电容，湿敏电容具有感湿特性的电介质，其介电常数随相对湿度的变化而变化，从而完成对湿度的测量。如图 4-19 所示，它由上电极、湿敏材料即高分子薄膜、下电极、玻璃衬底几部分组成。

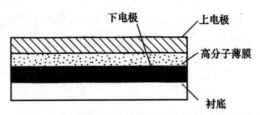

图 4-19　高分子电容湿度传感器结构示意图

湿敏电容传感器上电极是一层多孔膜，能透过水汽；下电极为一对电极，引线由下电极引出；基板是玻璃。整个传感器由两个小电容器串联组成。湿敏材料是一种高分子聚合物，它的介电常数随着环境的相对湿度变化而变化。当环境湿度发生变化时，湿敏元件的电容量随之发生改变，即当相对湿度增大时，湿敏电容量随之增大，反之减小，电容量通常在 48~56μF。传感器的转换电路把湿敏电容变化量转换成电压变化量，对应于湿度 0%~100% 相对湿度的变化，传感器的输出呈 0~1V 的线性变化。由此，可以通过湿敏电容湿度传感器测得相对湿度。

第四节　风速风向的测量

风是作物生长发育的重要生态因子。风能在农业中的应用很多，一般将风速、风向作为观测风能的两项指标。

风速风向传感器从本质上来讲，属于一种面向气象应用、测量气流流速和方向的流量传感器。当前使用的风速仪种类繁多，工作原理和性能各不相同，传统的风速测量装置包括风杯和皮托管，分别基于机械和空气动力学原理。在 20 世纪五六十年代，陆续出现了热丝（膜）风速计和激光多普勒流速计，分别基于传热学原理和多普勒效应。80 年代发展起来的粒子成像测速仪（PIV），其基本原理为测量流场中示踪粒子在一定时间间隔内的位移，从而获得流场速度的定量信息。这些机械装置体积较大，价格昂贵，而且其移动部件需要经常维护。本节主要介绍超声波与热流速法测量风速风向的工作原理。

一、超声波法风速风向测量系统

超声波风速风向测量系统是一种利用超声波在空气中沿传播方向流动时速度会发生改变的原理，测量空气流动速度和方向的系统。若在风场中沿 x 方向平行放置两对超声波探头：T_1 和 T_2 为发射，R_1 和 R_2 为接收，它们相距为 L，如图 4-20 所示。

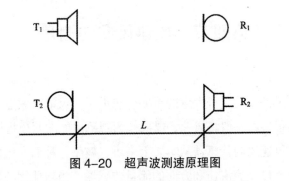

图 4-20　超声波测速原理图

设无风时空气中的声速为 c，风速 v 沿 x 方向上的分量为 v_x，沿 x 轴正交面的分量是 v_y，按正反方向从 T_1 到 R_1，T_2 到 R_2 的传播时间分别为：

$$t_1 = \frac{\sqrt{C^2 - v_y^2} - v_x}{C^2 - v^2} \cdot L$$

$$t_2 = \frac{\sqrt{C^2 - v_y^2} + v_x}{C^2 - v^2} \cdot L$$

如果距离 L 远大于声波的波长，则声波可简化为平面波，这时 x 方向的声波传播时间仅与 x 方向上的风速有关，则上式可简化为：

$$t_1 = \frac{C - v_x}{C^2 - v_x^2} \cdot L = \frac{L}{C + v_x}$$

$$t_2 = \frac{C + v_x}{C^2 - v_x^2} \cdot L = \frac{L}{C - v_x}$$

经运算可得：

$$v_x = \frac{L}{2}\left(\frac{1}{t_1} - \frac{1}{t_2}\right)$$

因此，只要测出某个方向上顺风、逆风条件下，从向发射探头施加激励脉冲起到接收探头收到第一个脉冲止的超声波传输时间，就可计算出该方向上的风速。若要测得两个不同方向上的风速必须顺风和逆风各发射接收一次，根据超声波的风速分量及矢量合成原理，可算出总的风速、风向。超声波风速风向测量系统的总体设计框图如图 4-21 所示，系统由超声波探头、发射接收电路、电源模块、发射接收控制及数据分析处理中心和数据结果显示单元组成。4 个超声波探头成 90° 布置，可以测得两个方向的风速值，经矢量合成运算，可以得到风速风向值。发射接收电路在不同时刻，既可以驱动探头发射超声波，又可以接收探头收到的超声波信号，可以很好地隔离，使发射和接收互不影响。

超声波风速风向测量系统的变送流程如下：电源模块提供电路所需的 5V 和 12V 直流稳压电源。发射接收控制及数据分析处理中心产生超声波信号，经发射接收电路放大后驱动探头发射；对探头接收到的信号进行采样，将模拟信号转换为数字信号；对探头的发射接收顺序进行控制；对发射时刻和信号到达时刻进行判断，计算出传播时间；分析处理数据结果，计算出风速风向值，传输给数据结果显示单元。数据结果显示单元将以数字形式直观地显示出瞬时风速风向值、某一段时间的平均风速值。

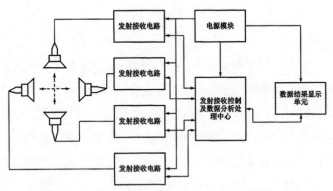

图 4-21 超声波风速风向测量系统的变送器设计

二、热流速法

热流量传感器的测量涉及流体、热学和电学等三个能量域，根据其测量原理，可以分为三种类型：热损失型、热温差型和热脉冲型。其中，热温差型风速传感器可以同时测量风速和风向，可以引申出二维热温差风速传感器和温度平衡型风速传感器。

（一）热损失型风速传感器测量原理

与传统的热丝风速计工作原理类似，热损失型风速传感器通过测量流体流过时加热体的温度变化从而反应流速。按照边界层理论，对流传热与流速的平方根成正比。实际上由于传感器和周围的对流和热传导，有关经验公式为：

$$P=(A+B\sqrt{U})\Delta T$$

式中，P 为传感器总的耗散功率；ΔT 为芯片与环境的温差；A 和 B 由传感器的尺寸和流体性质决定。由上式可以看出，热损失型流量传感器有两种工作方式：恒定功率（CP），测量加热体的温度变化来反映流速；恒定温度差（CTD），通过测量耗散在加热体上的功率来反映流速。

（二）热温差型风速传感器测量原理

如图 4-22 所示，热温差型风速传感器的工作原理为，当流体流过加热体时，通过测量加热体附近热场变化来测量流速，同时温度梯度的正负符号反映风向的信息。对于热温差型风速计，当风速较大时，由于传感器上游的温度不可能比环境温度更低，而下游的温度不可能比加热体温度更高，所以 ΔT 会饱和，在测量风速的时候量程受限。与热损失型相比，热温差型可以根据传感器内部温度梯度的方向判定风向。

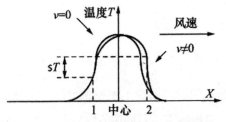

图 4-22　热温差型风速传感器工作原理

温度平衡型风速传感器由热温差型风速传感器发展而来，但是其需要在芯片的两侧分别设计加热电阻和测温元件。其测量原理是，当测量流体流过芯片时，上游加热电阻的温度将低于下游加热电阻，而集成在加热电阻附近的温度传感器测量出这一温度差，然后利用电学和热学负反馈提高上游加热电阻功率使得整个芯片温度保持一致。通过测量两组加热电阻上的功率也可以反映风速和风向。

（三）热脉冲型风速传感器测量原理

热脉冲型风速传感器由两个距离已知的敏感元件构成，其中上游端为加热单元，而下游端为敏感测温单元。通过在加热器上施加一个脉冲信号使其在对流流体中传播，测量出热脉冲信号到达下游敏感元件所需要的时间，由此便可以推出流速的大小。由于热脉冲在传播中会受到热扩散和流速的影响，其热脉冲到达下游热敏感元件时会出现热脉冲宽度变大而其幅值绝对值变小的脉冲变形现象。热脉冲型流量传感器处理电路比较复杂，而且输出受流体性质影响很大。

第五节　雨量的测量

室外大田种植水资源的来源很重要的一部分来自降雨。雨量计是测量降水最常用的仪器，目前，国内各气象观测站和无人气象站对降水的监测主要以翻斗式或者称重式雨量计为主。采用翻斗式雨量计进行降水量的统计主要存在以下问题：首先，野外应用环境比较恶劣，由于沙尘的沉降、鸟粪以及树枝、树叶的累积，易将雨量筒堵塞，影响正常使用。解决这一问题需要大量的人力物力对设备进行定期的维护。其次，雨量筒所测雨量为降水累积值，在雨量非常小的情况下，不能够对降水和降水量进行有效监测。再次，使用雨量筒不能够对降水类型进行区分，更不能对降水的微物理结构，比如，降水颗粒的大小和下降速度进行实时监测。还有，在固态降水情况下，如降雪或者冰雹，雨量筒对雨量的监测具有很大的滞后性。另外，在雨量器受水口上方，由于系统的风场变形而导致的误差一般对降水为 2%~10%，对降雪为 10%~50%。以上几点都非常不利于各气象站和无人气象站对降水的实时监测。

除了传统的翻斗式雨量筒外，目前正在研究的对降水的监测还有光学探测、声波探测和雷达探测等多种类型的探测技术，其中以光学原理为基础的天气现象识别技术研究最为广泛。

一、翻斗雨量计测量原理

图 4-23 为翻斗式雨量计结构示意图，翻斗雨量计适用于降雨率和降雨累计总量的测定，降雨率的测定可达 200mm/h 甚至更高。这种仪器的工作原理很简单。一个分隔成两部分的轻金属容器或斗，置于一个水平轴上并处于不稳定平衡的状态。在其正常位置时，斗应停靠在两个定位销之一上，定位销使斗不致完全翻转。雨水由集水器导入斗的上部，设定的雨量进入斗的上部后，斗变得不稳定并倾倒至另一停靠位置。斗的两部分设计成这样一种形式：雨水会从斗的较低部分流空，与此同时，继续降落的雨水落入刚进入位置的斗的上部。

斗的翻转运动可以操作一个继电器开关，使之产生一个由不连续的步进脉冲构成的记录，记录上每一步的距离代表技术指标规定的小量降雨发生的时间。如果需要详细的记录，规定的雨量不应超过 0.2mm。

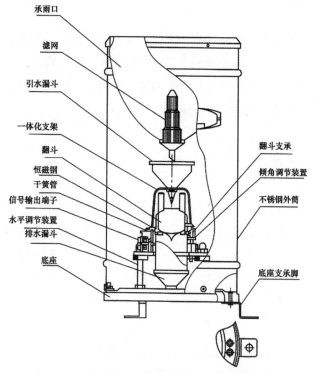

承雨口

滤网

引水漏斗

一体化支架

翻斗

恒磁钢

干簧管

信号输出端子

水平调节装置

排水漏斗

底座

翻斗支承

倾角调节装置

不锈钢外筒

底座支承脚

图 4-23　翻斗式雨量计结构示意图

　　翻斗的翻转需要短暂而有限的时间。在其翻转的前半段时间，可能会有额外的雨水流入已经容纳规定雨量的斗内。在大雨时（250mm/h），这一误差十分显著。但这种误差是可以控制的，最简单的方法是在漏斗底部安装一个类似虹吸管的装置引导雨水以可控的速率流入斗内。这会平滑掉短时降水强度的峰值。此外，还可附加一个装置以加快斗的翻转过程，主要是利用一个小薄片受到从集水器注入的雨水冲击，从而给斗施加一个随降雨强度而变化的额外的力。

因为翻斗雨量计适合于数字化方法，所以对自动天气站特别方便。由触点闭合所产生的脉冲，能用数据记录仪进行监测，还能对选择时段的脉冲进行合计以提供降水量值。翻斗雨量计也可采用图形记录器。

二、光学雨量计测量原理

光学雨量计对降水的探测主要根据降水颗粒的下降速度和颗粒大小来判定。以雨滴为例，雨滴末速度是通过雨滴尺寸分布计算降雨率的一个重要参量，在重力作用下，水滴的下落速度不断增加，与此同时，空气阻力也随之增加，重力和阻力很快达到平衡，使水滴匀速下降。水滴的下落速度可以通过求解水滴在重力场中的运动方程得到。雨滴的下落速度随雨滴尺寸的增加而增加，当雨滴直径超过 2mm 时，雨滴末速度的增加率逐渐减少。当雨滴的直径为 0.1mm 时，其末速度约为 0.72m/s，直径为 5mm 时，末速度达到约 9m/s 的极大值；当雨滴尺寸继续增加时，雨滴将发生破裂，所以雨滴的下落速度范围为 0.72~9m/s。根据测定雨滴的降落速度来确定雨滴的大小，进而计算单位面积内单位时间的降雨量。图 4-24 为光学雨量计示意图。

图 4-24　光学雨量计

第六节　二氧化碳浓度的测量

　　二氧化碳是植物进行光合作用的重要原料之一，可以提高植物光合作用的强度，并有利于作物的早熟丰产，增加含糖量，改善品质。而空气中的二氧化碳浓度一般约占空气体积的 0.03%，远远不能满足作物优质高产的需要。现代农业中，大都采用温室大棚进行作物的栽培和培育。在作物的整个生长期，都需要提供不同浓度的二氧化碳。由于其环境形成了一个相对封闭的系统，使得对二氧化碳浓度的控制成为可能。

　　检测气体的浓度主要依赖于气体检测变送器，传感器是其核心部分，一般的半导体传感器灵敏度高，构造与电路简单，但是测量时受环境影响较大，输出线性不稳定；电解式气体传感器气体的选择性比较好，但是重复性比较差；红外线吸收散射式气体传感器灵敏度高，可重复性好，响应时间快，预热时间短。

一、红外式气体传感器的测量原理

根据朗伯比尔定律，当红外光源发射的红外光通过二氧化碳气体时，二氧化碳气体会对相应波长的红外光进行吸收。

当一束波长为 λ（4.26 μm）、光强为 I_0（cd）的单色平行光射向二氧化碳气体和空气的混合气室时，由于气室中的样品在 λ 处具有吸收线和吸收带，光会被混合气体吸收一部分，光通过气体后光强会发生衰减。根据朗伯尔定律，气室出射光的强度为：

$$I=I_0\exp(-KCL)$$

式中，I 为吸收后的光强；I_0 为吸收前的光强；K 是反映吸收气体分子特性的系数，它与气体的种类、光谱波长、压力、温度等许多因素有关；C 为待测气体浓度；L 为气室的长度，即光与气体的作用长度。对上式进行变换，得：

$$C=\frac{1}{KL}\ln\frac{I_0}{I}$$

对于确定的待测二氧化碳气体和系统结构，K 是一个确定的常量，只要测出 I_0 和 I 的比值，就可以得知二氧化碳气体的浓度 C。

　　分析二氧化碳气体时，红外光源发射出 1~20μm 的红外光，通过一定长度的气室吸收后，经过一个 4.26μm 波长的窄带滤光片后，由红外传感器监测透过 4.26μm 波长红外光的强度，以此表示二氧化碳气体的浓度。

二、红外式二氧化碳传感器变送技术

　　下面介绍一种单光束、双波长、非漫射红外二氧化碳传感器变送结构。其独具特色的电子调谐滤光器仅允许测量和参比波长通过，完全消除了其他波长的干扰。图 4–25 为红外光测量二氧化碳的变送结构。

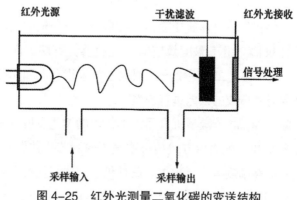

图 4–25　红外光测量二氧化碳的变送结构

　　模块化光源发出的红外光射入测量室，室内的二氧化碳吸收了一定波长的光子能量，滤光器滤光使之只通过气体吸收后的相应波段光波，另一端的红外光接收器测量通过的信号强度。同时，电子滤光器自动地调谐，只允许没有被吸收的参比光波通过，其他波长的光波基本无法通过，并产生另一个强度的信号。两个信号的比值代表了光被气体吸收的程度及气体浓度。

第七节　大气压力的测量

大气压力是指大气中任意高度的单位面积上所承受的大气柱的重量，也是从观测高度到大气上界单位截面积垂直空气柱的重量。大气压力的变化是其他气候条件形成的关键要素，同时影响着农作物的地域分布。气压计是利用压敏元件将待测气压直接变换为容易检测、传输的电流或电压的仪器。由于温度效应对于压敏器件有两方面的影响：一是失调，二是灵敏度。因此通常采用有源和无源两种技术对其造成的误差进行补偿。

随着 MEMS（微型机电系统）技术的飞速发展，带有温度补偿和多种输出方式的小型气压检测芯片种类繁多，其具有的高精度、高灵敏度、高性价比等优点使得在各行各业得到广泛应用。设计者们不用再考虑温度补偿方案，提高了设计效率。图 4-26 为一般电压输出式气压芯片内部电路结构。

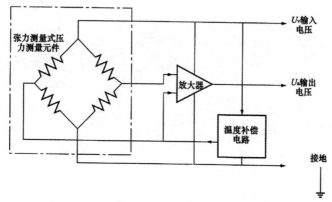

图 4-26　电压输出式气压芯片内部电路结构

第五章

大田种植与物联网

第一节　大田种植物联网总体框架

　　我国种植业发展正处于从传统种植向现代化种植业过渡的进程当中，急需用现代物质条件进行装备，用现代科学技术进行改造，用现代经营形式去推进，用现代发展理念引领。因此，种植业物联网的快速发展，将会为我国种植业发展与世界同步提供一个国际领先的全新平台，对传统种植业改造升级起到推动作用。

　　种植业生产环境是一个复杂系统，具有许多不确定性，对其信息的实时分析是一个难点。随着种植业规模的不断提高，通过互联网获取有用信息以及通过在线服务系统进行咨询已经广泛普及；未来的计算机控制与管理系统是综合性、多方位的，温室环境监测与自动控制技术将朝多因素、多样化方向发展，集图形、声音、影视为一体的多媒体服务系统是未来计算机应用的热点。

　　随着传感技术、计算机技术和自动控制技术的不断发展，种植业信息技术的应用将由简单的数据采集处理和监测，逐步转向以知识处理和应用为主。神经网络、遗传算法、模糊推理等人工智能技术在种植业中得到不同程度的应用，以专家系统为代表的智能管理系统已取得了不少研究成果，种植业生产管理已逐步向定量、客观化方向发展。

　　大田种植物联网技术主要是指现代信息技术及物联网技术在产前农田资源管理、产中农情监测和精准农业作业中应用的过程。其主要包括以土地利用现状数据库为基础，应用 3S 技术快速准确掌握基本农田利用现状及变化情况的基本农田保护管理信息系统；自动检测农作物需水量，对灌溉的时间和水量进行控制，智能利用水资源的农田智能灌溉系统；实时观测土壤墒情，进行预测预警和远程控制，为大田农作物生长提供合适水环境的土壤墒情监测系统；采用测土配方技术，结合 3S 技术和专家系统技术，根据作物需肥规律、土壤供肥性能和肥料效应，测算肥料的施用数量、施肥时期和施用方法的测土配方施肥系统；采集、传输、分析和处理农田各类气象因子，远程控制和调节农田小气候的农田气象监测系统；根据农作物病虫害发生规律或观测得到的病虫害发生前兆，提前发出警示信号、制定防控措施的农作物病虫害预警系统。

　　大田种植业所涉及的种植区域多为野外区域，农业区域有如下两个最大的特点：第一，种植区面积广阔且地势平坦开阔，这种类型区的典型代表为东北平原大田种植区；第二，由于种植区域辽阔，造成种植区域内气候多变。农业种植区的上述两个重要特点直接决定了传统农业中农业生产信息传输的技术需求。由于种植区面积较为广阔，因此物联网平台需要监控的范围较大，且野外传输受到天气等因素的影响传输信号稳定性成为关键。而农业物联网监控数据采集的频率和连续性要求并不太高，因此远距离的低速数据可靠性传输成为一项需求技术。且由于传输距离较远，数据采集单元较多，采用有线传输的方式往往无法满足实际的业务需求，也不切合实际，因此一种远距离低速数据无线传输技术成为农业信息传输的关键技术需求。

一、种植业物联网应用平台体系架构

大田种植物联网按照三层架构的规划，依据信息化建设的标准流程，结合"种植业标准化生产"的要求，项目的内容主要分为种植业物联网感知层、种植业物联网传输层、种植业物联网服务平台和种植业物联网应用层，内容如图 5-1 所示。

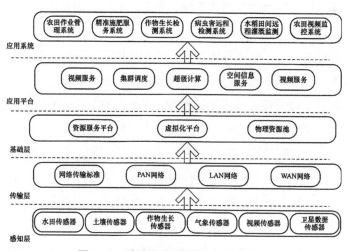

图 5-1　种植业物联网技术体系结构

感知层主要包括农田生态环境传感器、土壤墒情传感器、气象传感器、作物长势传感器、农田视频监测传感器、灌溉传感器（水位、水流量）、田间移动数据采集终端等。重点实现对大田作物生长、土壤状态、气象状态和病虫害的信息进行采集。

传输网络包括网络传输标准、PAN 网络、LAN 网络、WAN 网络。通过上述网络实现信息的可靠和安全传输。

种植业物联网服务平台服务架构体系，主要分成三层架构：基础平台、服务平台、应用系统。

二、种植业物联网服务平台服务体系架构

大田种植业物联网综合应用服务平台，为种植业物联网应用系统提供传感数据接入服务，空间数据、非空间数据访问服务；为应用系统提供开放、方便易用、稳定的部署运行环境，适应种植业业务的弹性增长，降低部署的成本，为应用系统开发提供种植业生产基础知识、基础空间数据以及涉农专家知识模型；实现多类型终端的广泛接入。实现种植业物联网的数据高可用性共享、高可靠性交换、Web 服务的标准化访问，避免数据、信息、知识孤岛，方便用户统一管理、集中控制。

种植业物联网服务平台服务架构体系，主要分成三层架构：基础平台、服务平台、应用系统。

基础平台包括物联网应用管理、种植业生产感知数据标准、种植业生产物联服务标准、种植业生产物联数据服务总线、种植业生产物联安全监控中心。

服务平台包括传感服务、视频服务、遥感服务、专家服务、数据库管理服务、GIS 服务、超级计算服务、多媒体集群调度、其他服务。

应用系统包括农作物种子质量检测产品应用、水稻工厂化育秧物联网技术应用、智能程控水稻芽种生产系统、智能程控工厂化育秧系统、便携式作物生产信息采集终端及管理系统、水稻田间远程灌溉监控系统、农田作业机械物联网管理系统、农田生态环境监测系统、农田作物生长及灾害视频监控系统、大田生产过程专家远程指导系统、农作物病虫害远程诊治系统、地块尺度精准施肥物联网系统、天地合一数据融合技术灾害监测系统、种植业生产应急指挥调度系统应用。

种植业物联网综合应用服务平台主要提供数据管理服务、基础中间件管理服务、资源服务等功能。

• 数据管理服务主要提供种植业物联网多源异构感知数据的统一接入、海量存储、高效检索和数据服务对外发布功能。

• 基础中间件管理服务主要提供空间数据处理与 GIS 服务能力，总线服务、业务流程编排运行环境，SOA 软件集成环境，认证、负载平衡等，并使跨越人、工作流、应用程序、系统、平台和体系结构的业务流程自动化，实现服务通信、集成、交互和路由。

• 资源服务主要解决用户统一集中的数据访问，种植业生产服务云服务集中注册、动态查找及访问功能，实现构件资源标准化描述、集中存储与共享，方便应用系统集成。

第二节　农田环境监测系统

农田环境监测系统主要实现土壤、微气象和水质等信息自动监测和远程传输。其中，农田生态环境传感器符合大田种植业专业传感器标准，信息传输依据大田种植业物联网传输标准，根据监测参数的集中程度，可以分别建设单一功能的农田墒情监测标准站、农田小气候监测站和水文水质监测标准站，也可以建设规格更高的农田生态环境综合监测站，同时采集土壤、气象和水质参数。监测站采用低功耗、一体化设计，利用太阳能供电，具有良好的农田环境耐受性和一定的防盗性。

大田种植物联网中心基础平台上，遵循物联网服务标准，开发专业农田生态环境监测应用软件，给种植户、农机服务人员、灌溉调度人员和政府部门等不同用户，提供互联网和移动互联网的访问和交互方式，实现天气预报式的农田环境信息预报服务和环境在线监管与评价。

以农田气象监测系统建设为例（见图5-2），该系统主要包括三大部分。一是气象信息采集系统，是指用来采集气象因子信息的各种传感器，主要包括雨量传感器、空气温度传感器、空气湿度传感器、风速风向传感器、土壤水分传感器、土壤温度传感器、光照传感器等；二是数据传输系统，无线传输模块能够通过GPRS无线网络将与之相连的用户设备的数据传输到互联网中的一台主机上，可实现数据远程的透明传输；三是设备管理和控制系统。执行设备是指用来调节农田小气候的各种设施，主要包括二氧化碳生成器、灌溉设备；控制设备是指掌控数据采集设备和执行设备工作的数据采集控制模块，主要作用为通过智能气象站系统的设置，掌控数据采集设备的运行状态；根据智能气象站系统所发出的指令，掌控执行设备的开启与关闭。

图 5-2　农田气象监测设备

第三节　精细作业系统

精准作业系统主要包括变量施肥播种系统、变量施药系统、变量收获系统、变量灌溉系统。

　　自动变量施肥播种系统就是按土壤养分分布配方施肥，保证变量施肥机在作业过程中根据田间的给定作业程序，实时完成施肥和播种量的调整功能，提高动态作业的可靠性以及田间作业的自动化水平。采用基于调节排肥和排种口开度的控制方法，结合机、电、液联合控制技术进行变量施肥与播种。

　　基于杂草自动识别技术的变量施药系统利用光反射传感器辨别土壤、作物和杂草。利用反射光波的差别，鉴别缺乏营养或感染病虫害的作物叶子进而实施变量作业。一种是利用杂草检测传感器，随时采集田间杂草信息，通过变量喷洒设备的控制系统，控制除草剂的喷施量；另一种是事先用杂草传感器绘制出田间杂草斑块分布图，然后综合处理方案，绘出杂草斑块处理电子地图，由电子地图输出处方，通过变量喷药机械实施。

　　变量收获系统利用传统联合收割机的粮食传输特点，采用螺旋推进称重式装置组成联合收割机产量流量传感计量方法，实时测量田间粮食产量分布信息，绘制粮食产量分布图，统计收获粮食总产量。基于地理信息系统支持的联合收割机粮食产量分布管理软件，可实时在地图上绘制产量图和联合收割机运行轨迹图。

　　变量精准灌溉系统根据农作物需水情况，通过管道系统和安装在末级管道上的灌水装置（包括喷头、滴头、微喷头等），将水及作物生长所需的养分以适合的流量均匀、准确地直接输送到作物根部附近土壤表面和土层中，以实现科学节水的灌溉方法。将灌溉节水技术、农作物栽培技术及节水灌溉工程的运行管理技术有机结合，通过计算机通用化和模块化的设计程序，构筑供水流量、压力、土壤水分、作物生长信息、气象资料的自动监测控制系统，能够进行水、土环境因子的模拟优化，实现灌溉节水、作物生理、土壤湿度等技术控制指标的逼近控制，将自动控制与灌溉系统有机结合起来，使灌溉系统在无人干预的情况下自动进行灌溉控制。

第四节　施肥管理测土配方系统

施肥管理测土配方系统是指建立在测土配方技术的基础上，以 3S 技术（RS、GIS、GPS）和专家系统技术为核心，以土壤测试和肥料田间试验为基础，根据作物需肥规律、土壤供肥性能和肥料效应，在合理施用有机肥料的基础上，提出氮、磷、钾及中、微量元素等肥料的施用数量、施肥时期和施用方法的系统。测土配方系统的成果主要应用于耕地地力评价和施肥管理两个方面。

地力评价与农田养分管理是利用测土配方施肥项目的成果对土壤的肥力进行评估，利用地理信息系统平台和耕地资源基础数据库，应用耕地地力指数模型，建立县域耕地地力评价系统，为不同尺度的耕地资源管理、农业结构调整、养分资源综合管理和测土配方施肥指导服务。

施肥推荐系统是测土配方的目的，借助地理信息系统平台，利用建立的数据库与施肥模型库，建立配方施肥决策系统，为科学施肥提供决策依据。地理信息系统与决策支持系统的结合，形成空间决策支持系统，解决了传统的配方施肥决策系统的空间决策问题，以及可视化问题。目前 GIS 与虚拟现实技术（虚拟地理环境）的结合，提高了GIS 图形显示的真实感和对图形的可操作性，进一步推进了测土配方施肥的应用，利用信息技术开发计算机推荐施肥系统、农田监测系统被证明是推广农田种植信息化的有效技术措施。根据以往的研究经验，应着重系统属性数据库管理的标准化研究，建立数据库规范与标准，加强农业信息的可视化管理，以此来实现任意区域信息技术的推广应用。

第五节　大田作物病虫害诊断与预警系统

农业病虫害是大田作物减产的重要因素之一，科学地监测、预测并进行预防和控制，对农业增收意义重大。为了解决我国病虫害发生严重、农业生产分散、病虫害专家缺乏、农民素质低、科技服务与推广水平差等现实问题，设计开发了农业病虫害远程诊治及预警平台。该平台是现代通信技术、计算机网络和多媒体技术发展的最新成果，养殖户可以通过 Web、电话、手机等设备对农业病虫害进行诊断和治疗，同时也可以得到专家的帮助。

该平台实现了农业病虫害诊断、防治、预警等知识表示、问题求解与视频会议、呼叫中心、短消息等新技术的有效集成，实现了通过网络诊断、远程会诊、呼叫中心和移动式诊断决策多种模式的农业病虫害诊断防治体系。

大田作物病虫害远程诊治和预警平台的体系结构分为五层，由基础硬件层、基础信息层、应用支撑平台、应用层、访问界面层组成，如图 5-3 所示。

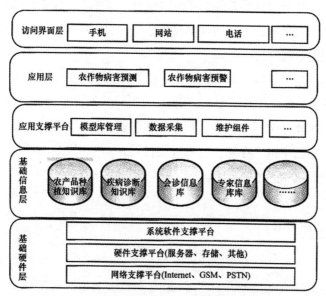

图 5-3　农业病虫害诊断与预警系统体系架构

访问界面层是直接面向用户的系统界面。用户可以通过多种方法访问系统并与系统交互，访问方式包括手机网站、电话等。要求界面友好，操作简单。

应用层提供所有的信息应用和疾病诊断的业务逻辑。

主要包括分解用户诊断业务请求，通过应用支撑层进行数据处理，并将返回信息组织成所需的格式提供给客户端。

应用支撑层构建在 J2EE 应用服务器之上，提供了一个应用基础平台，并提供大量公共服务和业务构件，提供构件的运行、开发和管理环境，最大限度提高开发效率，降低工程实施、维护的成本和风险。

基础信息层是整个系统的信息资源中心，涵盖所有数据。它是信息资源的存储和积累，为农业病虫害诊治应用提供数据支持。

基础硬件层为系统软硬件以及网络基础平台，分为三部分：系统软件、硬件支撑平台和网络支撑平台。其中，系统软件包括中间件、数据库服务器软件等；硬件支撑平台包括主机、存储、备份等硬件设备；网络支撑为系统运行所依赖的网络环境。

【应用案例】

中国农业大学中欧农业信息技术研究中心研制的"土壤墒情自动监测系统"于 2009 年在山东德州地区的玉米种植区进行了推广应用。该系统针对农业大田种植分布广、监测点多、布线和供电困难等特点，利用物联网技术，采用高精度土壤含水量、温度复合传感器，远程在线采集土壤墒情信息，实现墒情自动预报、灌溉用水量智能决策、远程／自动控制灌溉设备等功能，及时向农户发布土壤墒情信息，科学指导农户适时适量灌溉，达到节水增产目的。

　　该系统可以为农户种植生产提供土壤墒情信息服务，促进种植业生产的提质、增产、增效和节水，经济社会效益明显。

第六章

畜禽养殖与物联网

第一节 畜禽养殖物联网总体框架

畜禽养殖物联网面向畜禽养殖领域的应用需求，通过集成畜禽养殖信息智能感知技术及设备、无线传输技术及设备、智能处理技术，实现畜禽养殖的养殖环境监控、智能精细饲喂、疾病诊治、养殖环境控制。畜禽养殖物联网系统的整体架构如图 6-1 所示。

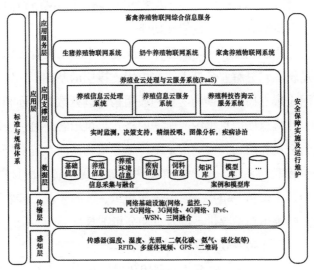

图 6-1 畜禽养殖物联网总体框架

感知层：作为物联网对物理世界的探测、识别、定位、跟踪和监控的末端，末端设备及子系统承载了将现实世界中的信息转换为可处理的信号的作用，其主要包括传感器技术、RFID（射频识别）技术、二维码技术、视频和图像技术等。采用传感器采集温度、湿度、光照、二氧化碳、氨气和硫化氢等畜禽养殖环境参数，采用 RFID 技术及二维码技术对畜禽个体进行自动识别，利用视频捕捉等，实现多种养殖环境信息的捕捉。

传输层：传输层完成感知层和数据层之间的通信。传输层的无线传感网络包括无线采集节点、无线路由节点、无线汇聚节点及网络管理系统，采用无线射频技术，实现现场局部范围内信息采集传输，远程数据采集采用 3G、4G 等移动通信技术，无线传感网络具有自动网络路由选择、自诊断和智能能量管理功能。

应用层：应用层提供所有的信息应用和系统管理的业务逻辑。它分解业务请求，在应用支撑层的基础上，通过使用应用支撑层提供的工具和通用构件进行数据访问和处理，并将返回信息组织成所需的格式提供给客户端。应用层为畜禽养殖物联网应用系统（羊养殖物联网系统、奶牛养殖物联网系统、家禽养殖物联网等）提供统一的接口，为用户（包括养殖户、农民合作组织、养殖企业、涉农职能部门等用户）提供系统入口和分析工具。

畜禽养殖物联网主要建设内容包括：

• 养殖环境监控系统。利用传感器技术、无线传感网络技术、自动控制技术、机器视觉、射频识别等现代信息技术，对养殖环境参数进行实时监测，并根据畜禽生长的需要，对畜禽养殖环境进行科学合理的优化控制，实现畜禽环境的自动监控，以实现畜禽养殖集约、高产、高效、优质、健康、节能、降耗的目标。

• 畜禽精细喂养系统。主要采用动物生长模型、营养优化模型、传感器、智能装备、自动控制等现代信息技术，根据畜禽的生长周期、个体重量、进食周期、食量以及进食情况等信息对畜禽的饲料喂养的时间、进食量进行科学的优化控制，实现自动化饲料喂养，以确保节约饲料、降低成本、减少污染和病害发生、保证畜禽食用安全。

• 畜禽育种繁育系统。主要运用传感器技术、预测优化模型技术、射频识别技术，根据基因优化原理，在畜禽繁育中，进行科学选配、优化育种，科学监测母畜发情周期，从而提高种畜和母畜繁殖效率，缩短出栏周期，减少繁殖家畜饲养量，进而降低生产成本和饲料、饲草资源占用量。

• 畜禽疾病诊治与预测系统。主要利用人工智能技术、传感器技术、机器视觉技术，根据畜禽养殖的环境信息、疾病的症状信息、畜禽的活动信息，对畜禽疾病发生、发展、程度、危害等进行诊断、预测、预警，根据状态进行科学防控，以实现最大限度降低由于疫病疫情引发的各种损失，控制流行范围的目标。

第二节　养殖环境监控系统

　　畜禽养殖环境监控系统针对我国现有的畜禽养殖场缺乏有效信息监测技术和手段，养殖环境在线监测和控制水平低等问题，采用物联网技术，实现对畜禽环境信息的实时在线监测和控制。养殖环境监控系统在畜禽舍内部署各类室内环境监测传感器，大量的传感器节点构成监控网络，通过各种传感器采集养殖场所的主要环境因素如温度、湿度及氨气含量等因子，并结合季节、养殖品种及生理等特点，编制有效的养殖环境信息采集及调控程序，达到自动完成环境控制的目的。

　　畜禽养殖环境监控系统由养殖环境信息智能传感子系统、养殖环境信息自动传输子系统、养殖环境自动控制子系统和养殖环境智能监控管理平台四部分组成。

一、养殖环境信息智能传感子系统

　　养殖环境信息智能传感子系统主要用来感知畜禽养殖环境质量的优劣，如冬天畜禽需要保温，畜禽舍内通风不畅，二氧化碳、氨气、二氧化硫等有害气体含量，空气中尘埃、飞沫及气溶胶浓度，温、湿度等环境指标，按一定规律变换成为电信号或其他所需形式的信息输出，以满足信息的传输、处理、存储、显示、记录和控制等要求。它是实现自动检测和自动控制的首要环节。图 6-2 分别为智能空气温湿度传感器（a）、太阳辐射传感器（b）、温度传感器（c）。

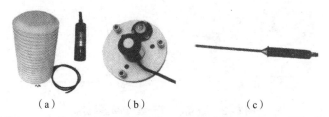

（a）　　　　　　　（b）　　　　　　　（c）

图 6-2　智能空气温湿度传感器、太阳辐射传感器和温度传感器

二、养殖环境信息自动传输子系统

养殖环境信息的监控是畜禽养殖的重要环节，如果继续采用传统有线网络进行信息通信，不但造成现场施工困难，有时甚至不能满足生产需要，影响生产进行。因此，采用无线通信网络进行信息传输。基于无线传感器网络的养殖环境信息传输系统运用无线通信和嵌入式测控等技术，采用无线采集节点、无线控制节点和无线监控中心，利用无线网络管理软件，构建一套畜禽养殖环境信息自动传输子系统，解决信息的可靠传输问题。畜禽养殖无线传感器网络如图 6-3 所示。

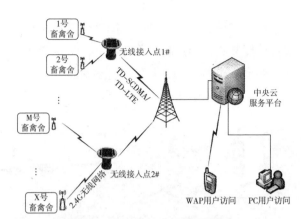

图6-3 畜禽养殖无线传感器网络

目前，图像信息传输在畜禽养殖生产中也有着迫切的需求，它可以为病虫害预警、远程诊断、远程管理提供技术支撑。为有效保证图像、视频等信息传输的质量和实际应用效果，采用在圈舍内建设有线网络来配合视频监控传输，将视频数据发送到监控中心，可以实现远程查看圈舍内情况的实时视频，并可对圈舍指定区域进行图像抓拍、触发报警、定时录像等功能。

三、养殖环境自动控制子系统

自动控制系统用于控制各种环境设备。系统通过控制器与养殖环境的控制系统（如红外、风扇等）实现对接。控制设备主要采用并联的方式接入主控制器，主控制器可以实现对控制设备的手动控制。除此之外，通过增加继电器（控制器控制继电器）并接入现有的控制电路，实现原系统的手动控制功能继续有效，新增远程智能控制功能。

控制器具有与各主控设备进行数据交换的功能，可以接收并执行智能养殖平台反向发送的控制指令，对各主控设备进行控制。控制器还可以实现手、自动功能切换，在进行手动和自动切换时，切换的信号自动反映到主控中心。手动控制时，通过软件平台上的控制按钮便可以进行加温、降温等控制操作。自动控制时，完全由控制软件根据采集到的传感器数据和阈值设置进行联动自动操控。

养殖环境智能控制单元由测控模块、电磁阀、配电控制柜及安装附件组成，通过 GPRS 模块与监控中心连接。根据畜禽舍内的传感器检测空气温度、空气湿度及二氧化碳等参数，对畜禽舍内的控制设备进行控制，实现畜禽舍环境参量获取、自动控制等功能。图 6-4 是养殖环境测控点示意图，图 6-5 为养殖环境控制系统框架图。

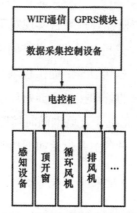

图 6-4　养殖环境测控点示意图

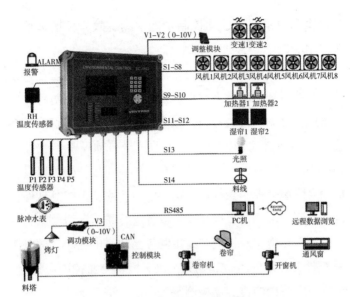

图 6-5 畜禽养殖控制系统架构

四、养殖环境智能监控管理平台

养殖环境智能监控管理平台实现对采集到的养殖环境各路信息的存储、分析和管理；提供阈值设置功能；提供智能分析、检索、告警功能；提供权限管理功能；提供驱动养殖舍控制系统的管理接口。养殖环境智能管理平台采用 B/S 结构，用户借助于互联网随时随地访问系统。

智能监控管理平台主要包括如下功能：

（一）实时高精度采集环境参数

养殖环境圈舍内部署各种类型的室内环境传感器，

并连接到无线通信模块，智能养殖管理平台便可以实现对二氧化碳数据、温湿度数据、氨气含量数据、硫化氢含量数据的自动采集。用户可根据需要随时设定数据采集的时间和频率，采集到的数据可通过列表、图例等多种方式查看。

（二）异常信息报警

当畜禽养殖环境参数发生异常时，系统会及时进行报警。例如，当畜禽圈舍的温度过高或过低，二氧化碳、氨气、二氧化硫等有害气体含量超标时，这些均会导致畜禽产生各种应激反应及免疫力降低并引发各种疾病，影响畜禽的生长。异常信息报警功能根据采集到的实时数据实现异常报警，报警信息可通过监视界面进行浏览查询，同时还以短消息形式及时发送给工作人员，确保工作人员在第一时间收到告警信息，及时进行处理，将损失降到最低。

（三）智能化的控制功能

控制系统以采集到的各种环境参数为依据，根据不同的畜禽养殖品种和控制模型，计算设备的控制量，通过控制器与养殖环境的控制系统（如红外、风扇、湿帘等）实现对接，控制各种环境设备。系统支持自动控制和手动控制两种方式，用户通过维护系统设定理想的养殖环境等参数，系统远程控制畜禽舍内风机、红外灯和湿帘，确保动物处在适宜的生长环境。

（四）随时随地互联网访问

管理人员随时随地访问，只要可以上网并且有浏览器或者客户端就可以随时随地访问监测畜禽舍内环境数据并实现远程控制。监控终端包括计算机、手机、触摸屏等。管理员设置开启联动控制功能，平台根据采集到的环境数据对环境进行自动调控，并将操作内容以短信息形式及时通知管理人员。

畜禽养殖物联网系统的养殖环境实时监控界面如图6-6所示，可以随时查到实时采集上来的数据信息，如采集时间、空气温度、空气湿度、硫化氢、氨氮、二氧化碳等，并可以根据实际情况进行控制风机、湿帘、加热灯、加热器等控制设备的开与关。

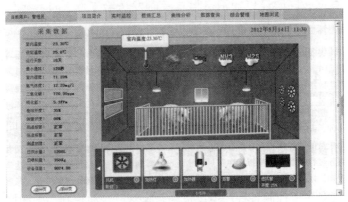

图6-6　畜禽养殖物联网实时监控

"曲线分析"模块界面如图6-7所示，系统将会分类列出每个参数，选择自己所关心的参数，并选择视图类型，如24h、7d、30d、全年、自定义。根据实际需要选择一个时间段，系统将会根据选择的各个条件将数据取出绘制出曲线。

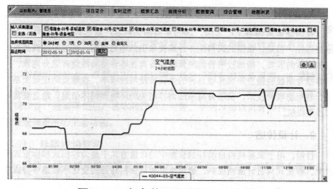

图6-7 畜禽养殖物联网实时查询

"报警配置"模块界面如图6-8所示，主要功能是配置畜禽舍内每个参数的报警临界值、报警的方式（如短信或邮件）、报警的时间间隔等信息，填写完信息后单击"保存"按钮进行保存。

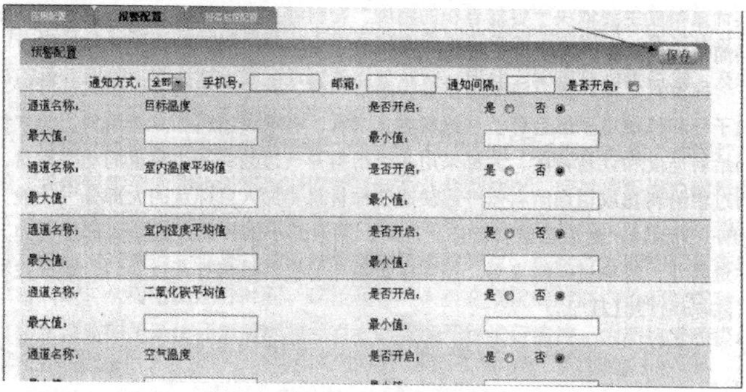

图6-8 畜禽养殖物联网实时监控——报警配置

第三节　精细喂养决策系统

精细喂养决策系统（以奶牛养殖为例）根据养殖场的生产状况，建立以品种、杂交类型、生产特点、生理阶段、日粮结构、气候、环境温湿度等因素为变量的营养需要量自动匹配并比对中心数据库同类奶牛数字模型，进行奶牛饲养过程的数字化模拟和生产试验验证，以影响种奶牛养殖过程需要量和生产性能，以不同环境因素为变量，模拟奶牛的生产性能和生理指标的变化，从而达到数字化精细喂养。

系统主要实现下列功能：

1. 饲料配方

我国是畜禽饲料生产大国，2016 年商品饲料总产量达到 2 亿吨，但是，我国的饲料配方计算技术仍然相对落后，远远不能满足畜禽饲料配方的需要。精细投喂智能决策根据畜禽在各养殖阶段营养成分需求，借助养殖专家经验，建立不同养殖品种的生长阶段与投喂率、投喂量间定量关系模型。利用物联网技术，获取畜禽精细饲养相关的环境和群体信息，建立畜禽精细投喂决策系统。

2. 计量传感

目前，用于家畜精料自动补饲装置中的计量方式主要为容积式和称重式两大类。称重式具有计量精度高、通用性好和对物料特性的变化不敏感等特点，但计量速度慢、结构复杂、价格高。容积式是靠盛装物料的容器决定加料量，其计量精度主要取决于容器容积的精度、物料容重及物料流量的一致性，其结构简单、成本低、速度快于称重式。

称重式定量计量方法采用重量传感器和秤，其中秤主要有机械式杠杆秤、电子秤和机械电子组合秤。从给料方式来看，有单级给料和多级给料。为了提高给料速度和计量精度，大都采用多级给料并一边给料一边称重的动态称量，通过粗给料器或粗细给料器一起快速往称量料斗加入目标量的大部分（一般为80%~95%），然后粗给料器停止给料，剩余的小部分通过细给料器缓慢加入称量料斗，给料过程结束后，控制称量料斗的投料机构打开投料门，完成投料。

3. 配料控制

科学饲料投喂智能控制系统，根据投喂模型，结合奶牛个体实际情况，计算该奶牛当天需要的进食量，并进行自动投喂。物料从储料仓到称重器的控制方式是自动饲喂控制过程的关键所在。一般设计称重控制器的做法是：先启动喂料机开始喂料，然后在喂料的过程中不断地检测喂料的重量。当理论用料量和当时的实际喂料量的差值小于喂料提前量时，关闭喂料器的喂料阀门，停止喂料，靠惯性和阀门关闭后的物料流量补足理论料量；若提前量太大，靠点动喂料完成。

通过高度的自动化管理，实现对奶牛的个体化管理，避免人为因素对养奶牛生产造成的影响，使得养殖的整体经济效率大幅度提高。

第四节　育种繁育管理系统

在动物繁育过程中，智能化的繁殖监测管理是提高繁殖效率或畜牧生产效率的重要手段。畜禽育种繁育管理系统主要运用传感器技术、预测优化模型技术、射频识别技术，根据基因优化原理，科学监测母畜发情周期，实现精细投喂和数字化管理，从而提高种畜和母畜繁殖效率，缩短出栏周期，减少繁殖家畜饲养量，进而降低生产成本和饲料占用量。下面以母羊繁育为例，说明育种繁育管理系统的主要功能。

1. 母羊发情监测

母羊发情监测是母羊繁育过程中的重要环节，错过了时间将会降低繁殖能力。要提高畜禽的繁殖率，首先要清楚地监测出来畜禽的发情期。如果仅仅是依靠人工观察，或者是凭一般的养殖经验来对畜禽发情期识别，不仅费时费力，而且会导致农场管理混乱，不能有效地鉴别畜禽的正常发情，造成错过畜禽的最佳配种时期，对于提高繁殖率很是不利。因此，实现自动化监测，及时发现发情期是提高畜禽繁殖能力的关键环节。

母羊发情监测子系统采用塑料二维耳标（RFID 电子

标签）对羊个体进行标识，采用视频技术 24h 不间断监测母羊个体活动情况，通过传感器监测母羊体温；系统根据采集到的各种数据进行综合分析，当达到系统设置的发情指标后及时给出发情提示信息；系统会根据动物繁殖特点，综合各方面的因素进行综合判断，从而给出配种时间，以指导管理人员在规定的时间内给动物配种。母羊发情监测子系统还需对配种和育种的圈舍环境进行监控，为动物繁殖提供最适宜的环境。

2. 母羊饲养智能化管理

以无线射频识别 RFID 为电子标签，在群养环境下对怀孕母羊进行单体精确饲喂，解决母羊精确喂料的问题。母羊饲养智能化管理子系统自动识别母羊的饲喂量，并根据母羊精细投喂决策模型，对母羊单独饲喂，确保母羊在完全无应激的状态下进食，而且达到精确饲喂，有效控制母羊体况，也减少饲料浪费。

3. 种羊信息化管理

建立种羊数据库，其数据包括体况数据、繁殖与育种数据、免疫记录、饲料与兽药的使用记录等，其主要功能包括对羊群结构、核心群的种羊进行历史配种、产仔和断奶性能的分析统计，对各种繁殖状态和周期性参数的可视化分析，尤其包括对繁殖母羊的精准喂养。通过对种羊进行信息化管理，将会提高繁殖母羊的繁殖效率和服务年限，降低种羊生产的成本，提高羊羔的成活率。同时，种羊数字化管理也为动物溯源系统提供了数据基础。

第五节　疾病诊治与预警系统

畜禽疾病诊治与预警系统是针对畜禽疾病发生频繁、经济损失较大等实际问题，从畜禽疾病早预防、早预警的角度出发，在对气候环境、养殖环境、病源与畜禽疾病发生的关系研究的基础上，确定各类病因预警指标及其对疾病发生的可能程度，根据预警指标的等级和疾病的危害程度，研究并建立畜禽疾病三级预报预警模型；根据多病因、多疾病的畜禽疾病发生与传播机理，提出了基于语义的畜禽病害远程诊断方法，为畜禽病害诊治提供科学的在线诊断和预警方法，实现畜禽养殖疾病精确预防、预警、诊治。

系统主要包括如下功能：

1. 畜禽疾病诊治

采用人工智能、移动互联、M2M、呼叫中心等现代信息技术，根据多病因、多疾病的疾病发生与传播机理，构建了"症状—疾病—病因"的因果网络模型，并转化为"症状—疾病"和"疾病—病因"的集合问题，采用模糊数学和覆盖集理论以及现代优化算法求解。该模型可以得到有效的疾病范围、疾病发生可能性和相应的病因分析，诊断结论可以指导用户有针对性地进行疾病防治。

畜禽疾病诊治系统由案例维护模块、诊断推理模块、数值诊断知识维护模块、用户界面四部分组成。其中，用户界面提供人机交互和诊断、治疗、预防结果显示等功能；案例维护和数值诊断知识维护是系统后台的知识库的管理模块，这两部分是由系统管理员和疾病专家根据实际案例、案例诊断过程中复用的案例和数值诊断的知识对其进行增加、修改和删除等操作；诊断推理模块是根据畜禽养殖用户通过界面输入的畜禽疾病症状信息，通过案例诊断和数值诊断，对疾病进行综合推理并得出结论，最后将诊断结果返回给用户。

2. 畜禽疾病预警

通过对畜禽疫病的流行病学、应用数学、预警科学等跨学科研究的基础上，分析畜禽疾病的特点。在分析畜禽疫病的产生、流行规律及其分布特征基础上，确定疫病监测指标及其获取方法、预警模型，为畜禽养殖提供一个有效的疫病预警信息平台。畜禽疫病预警系统的主要功能包括：知识查询模块、疫病预警模块和系统维护模块，每个功能模块又由若干个子模块组成。畜禽疾病预警功能模块如图6-9所示。

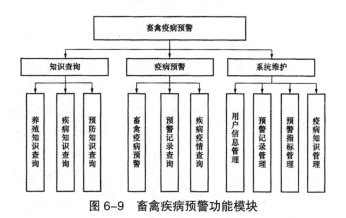

图6-9　畜禽疾病预警功能模块

　　畜禽疫病预警模块中预警模型建立的基本步骤是：首先，通过文献分析和与专家交流的方式确定影响疫情发生的预警指标；其次，确定每个预警指标的权重大小；最后，建立预警警级与预警预案的知识库。当用户输入相应的疫情信息时，系统可以根据每一指标的权重和单个指标级别的对应关系得出综合警级大小的数值，然后通过查询所建的知识库得出预警警级和预警预案信息。

第七章

水产养殖与物联网

第一节　水产养殖物联网总体架构

水产物联网面向水产养殖领域的应用需求，通过集成水产养殖信息智能感知技术及设备、无线传输技术及设备、智能处理技术，实现鱼、虾、蟹等养殖的养殖环境监控、智能精细饲喂、疾病诊治、养殖环境控制，水产养殖物联网总体架构如图 7-1 所示，主要由养殖环境信息智能监控终端、无线传感网络、现场及远程监控中心、云信息服务系统等部分组成。

1. 养殖环境信息智能监控终端

养殖环境信息智能监控终端包括无线数据采集终端、智能水质传感器、智能控制终端，主

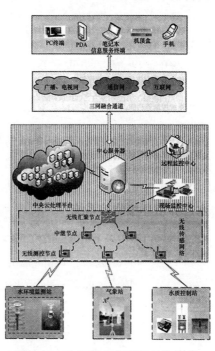

图 7-1　水产养殖物联网总体架构

要实现对溶解氧、pH、电导率、温度、氨氮、水位、叶绿素等各种水质参数的实时采集、处理与增氧机、投饵机、循环泵、压缩机等设备智能在线控制。

2. 无线传感网络

无线传感网络包括无线采集节点、无线路由节点、无线汇聚节点及网络管理系统，采用无线射频技术，实现现场局部范围内信息采集传输，远程数据采集采用4G、5G等移动通信技术，无线传感网络具有自动网络路由选择、自诊断和智能能量管理功能。

3. 现场及远程监控中心

现场及远程监控中心分别依托无线传感网络和具有GPRS/GSM通信功能的中心服务器与中央云处理平台，实现现场及远程的数据获取、系统组态、系统报警、系统预警、系统控制等功能。

4. 云信息服务系统

中央云处理平台是专门为现场及远程监控中心提高云计算能力的信息处理平台，主要提供鱼、蟹等各种养殖品种的水质监测、预测、预警、疾病诊断与防治、饲料精细投喂、池塘管理等各种模型和算法，为用户管理提供决策工具。

第二节　水产养殖环境监控系统

水产养殖环境监控系统（见图7-2）针对我国现有的

水产养殖场缺乏有效信息监测技术和手段，水质在线监测和控制水平低等问题，采用物联网技术，实现对水质和环境信息的实时在线监测、异常报警与水质预警，采用无线传感网络、移动通信网络和互联网等信息传输通道，将异常报警信息及水质预警信息及时通知养殖管理人员。根据水质监测结果，实时调整控制措施，保持水质稳定，为水产品创造健康的水质环境。

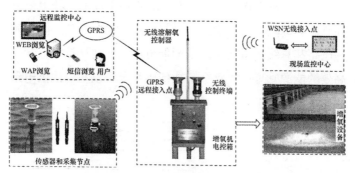

图 7-2　水产养殖环境监控系统

一、智能水质传感器

针对水质的传感器多为电化学传感器，其输出受温度、水质、压力、流速等因素影响，传统传感器有标定和校准复杂、适用范围狭窄、使用寿命较短等缺点，采用 IEEE1451 智能传感器设计思想，使传感器具有自识别、自标定、自校正、自动补偿功能；智能传感器还具有自动采集数据并对数据进行预处理、双向通信、标准化数字输出等其他功能。

智能水质传感器的硬件结构框图如图 7-3 所示，它由信号检测调理模块、微控制器、TEDS 电子表格、总线接口模块、电源及管理模块构成。微控制器采用 TI 公司生产的 MSP430F149，它是 16 位 RISC 结构 FLASH 型单片机，配备 12 位 A/D、硬件乘法器、PWM、USART 等模块，使得系统的硬件电路更加集成化、小型化；多种低功耗模式设计，在 1.8~3.6V 电压、1MHz 的时钟条件下，耗电电流在 0.1~400μA，非常适合于低功耗产品的开发。信号调理电路和总线接口模块均采用低电压、低功耗技术，配合高效的能源管理，使整个智能传感系统可以在电池供电条件下长期可靠工作。

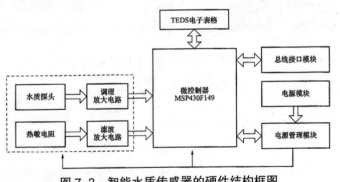

图 7-3　智能水质传感器的硬件结构框图

传感器测量范围与精度：

（1）水温：0℃ ~50℃，±0.3℃。

（2）酸碱度（pH）：0~14，±3%。

（3）电导度（EC）：0~100mS/cm，±3%。

（4）溶解氧（DO）：0~20mg/L，±3%。

（5）氧化还原电位（ORP）：–999~999mV，±3%。

（6）气温：–20℃~50℃，±0.3℃。

（7）相对湿度：0%~100%，±3%。

（8）光照度：0~30000Lux，±50Lux。

智能水质传感器主要特点如下：

• 采用 IEEE1451 智能传感器设计思想，将传感器分为 STIM 智能变送模块和 NCAP 网络适配器两部分。

• STIM 内含丰富的 TEDS 电子数据表格，实现变送器的智能化。

• 内置温度传感器以及 Calibration–TEDS 实现 0℃~40℃范围内温度补偿。

• 校准参数可以在线修改，方便实现智能传感器的自校准。

• 工作电压 2.7~3.3V，配合低功耗管理模式，适用于电池供电。

• IP68 防护等级，可以长时间在线测量不同水深的水质参数。

• STIM 与 NCAP 用 RS485 总线相连，NCAP 可自动识别传感器类型，实现即插即用。

二、无线增氧控制器

无线溶解氧控制器是实现增氧控制的关键部分，它可以驱动叶轮式、水车式或微孔曝气空压机等多种增氧设备。无线测控终端可以根据需要配置成无线数据采集节点及无线控制节点。无线控制节点是连接无线数据采集节点与现场监控中心的枢纽，无线控制节点将无线采集节点采集到的溶解氧智能传感器及设备信息通过无线网络发送到现场监控中心；无线控制节点还可接收现场监控中心发送的指令要求，现场控制电控箱，电控箱输出可以控制10kW以下的各类增氧机，实现溶解氧的自动控制。

无线测控终端的设计遵循 IEEE802.15.4 协议，根据应用场合不同可以分为采集终端和控制终端。测控终端的主控电路模块包括微处理器、输入输出模块、数据存储模块和无线通信模块四大部分，可实现对智能传感器和输出继电器的控制，以及数据预处理、存储和发送的功能。主电路模块使用低功耗无线芯片作为微处理器，适用于电池供电的设备。图 7-4 为无线增氧控制系统实物图。

（a）水质监测点1；（b）水质监测点2；（c）水质控制点1；（d）水质控制点2；
（e）现场监控中心；（f）中继节点；（g）视频监控设备

图 7-4 无线增氧控制系统实物图

三、水产养殖无线监控网络

　　无线传感网络可实现 2.4GHz 短距离通信和 GPRS 通信，现场无线覆盖范围 3km；采用智能信息采集与控制技术，具有自动网络路由选择、自诊断和智能能量管理功能。

　　•采用自适应高功率无线射频电路设计，无线传感网络发送功率达到 100mW，接收灵敏度从 −96dBm 提高到 −102dBm，现场可视条件下，射频通信距离达到 1000m。

　　•采用集中式路由算法和 UniNet 协议，可靠路由达到 10 级。

　　•采用智能电源综合管理技术，提升节点装置的适应性和低能耗性，能使设备能量使用寿命延长 5~10 倍。

　　•采用无线网络自诊断规程，实现无线网络运行状态监视和故障报警。

　　图 7-5 为无线传感器网络示意图。

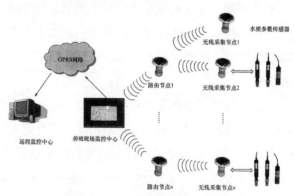

图 7-5　无线传感器网络示意图

四、水质智能调控系统

水质是水产养殖最为关键的因素，水质好坏对水产养殖对象的正常生长、疾病发生甚至生存都起着极为重要的作用，因而在水产养殖场的管理中，水质管理是最为重要的部分。目前，大多数养殖户对水中溶解氧含量的判断主要来自经验，即通过观察阳光、气温、气压，判定水中溶解氧含量的高低，并控制增氧机是否开启增氧；少数渔业养殖户借助便携仪表来测量水中溶解氧的浓度，此法通过直接测量，比纯经验的方法优越，但两种方法都存在工作强度大、人工成本高的问题。

另外，增氧机开机时间的长短通常也是按经验来控制的，这种比较落后的养殖技术不仅不能保证水产品在较高的溶氧环境下快速生长，提高饲料的转化率，而且在增氧机的使用上也比较费电，增加了生产成本。为了更加有效地进行水质管理，通过集成水产养殖水质信息智能感知技术、无线传输技术、智能信息处理技术，开发水产养殖水质智能调控系统，实现了对水质实时监测、预测、预警与智能控制。

由于水质溶解氧变化受多重因素制约，存在着较大滞后，当发现溶氧较低时已来不及采取措施，因此需要提前预测溶氧变化趋势及规律，以便实时开启增氧机等设备，保持水体水质稳定。通过对水产养殖物联网实时监测溶氧、温度、pH、盐度、水温、气压、空气温湿度、光照数据进行分析，揭示水质参数变化趋势及规律，采用智能算法实现对水质溶解氧等参数变化趋势的预测预警以解决水质参数预测难题。在水质预测的基础上，设计了基于规则的水质预警流程，如图 7-6 所示。

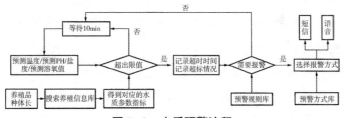

图 7-6　水质预警流程

针对水质智能调控问题，选取实时溶氧量（RV）和实时溶氧变化量（RD）作为控制器的输入变量，输出变量为增氧时间（T），再选取相应的模糊控制规则，即可以获得较好的动态特性和静态品质，且不难实现，可以满足系统的要求。

模糊控制器的结构原理如图 7-7 所示。

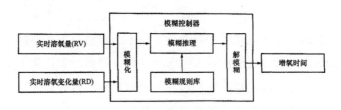

图 7-7　模糊控制器的结构原理图

第三节　精细喂养管理系统

饲料投喂是水产养殖中的关键环节，不正确的投喂方法易导致单产低、病害多、经济效益差。饵料是造成水产养殖区水质富营养化的主要原因，对养殖水体污染严重，同时还增加了投入成本。饵料过少又导致养殖品种生长过慢，不能满足养殖品种的生理需要。精细喂养决策是根据各养殖品种长度与重量关系，通过分析光照度、水温、溶氧量、浊度、氨氮、养殖密度等因素与饵料营养成分的吸收能力、饵料摄取量关系，建立养殖品种的生长阶段与投喂率、投喂量间的定量关系模型，实现按需投喂，降低饵料损耗，节约成本。

一、饵料配方优化

饵料配方优化模型是通过分析不同养殖对象在不同生长阶段对营养成分的需求情况，在保证养殖对象正常生长所需养分供给的情况下，根据不同原材料的营养成分及成本，采用遗传算法、微粒群等优化设计方法，优化原材料配比，降低饵料成本。

针对传统喂养模式粗放、饲料利用率低、浪费大等问题，以鱼、虾在各养殖阶段营养成分需求，研究饵料配方最优模型。在饲料投喂决策过程分析的基础上采用线性规划和随机规划的原理，建立饲料配方生成模型，对饲料配方做出评价，并引入单纯形法和二阶段法进行计算。

二、精细喂养决策

水产品的投喂量是否适宜关系到能否提高饲料利用率、减少成本的问题：投喂量在基本投喂量的基础上，根据影响摄食量的因素确定增加投喂量。针对传统投喂量的计算方法存在的不足，在分析投喂率与环境因素影响关系的基础上，根据各养殖品种长度与重量关系，光照度、水温、溶氧量、浊度、氨氮、养殖密度等因素与饲料营养成分的吸收能力、饲料摄取量关系，研究不同养殖品种的生长阶段与投喂率、投喂量间定量关系模型：

y=F（生长阶段、体重、体长、年龄、养殖模式、光照、水温、溶氧、氨氮、pH、盐度）

通过研究不同养殖密度、光照强度和光照周期对受试鱼类生长、生化及抗氧化指标的影响，找出了工厂化养殖条件下水产品的养殖密度、光照强度和光照周期对摄食生长的影响，以此为基础规则条件确定了投喂量及投喂次数，通过及时调节水质水平，确定了饲料投喂的原则。

以养殖河蟹为例，基于物联网的投喂决策系统界面如图 7-8 所示，系统通过分析不同养殖阶段、不同养殖对象对营养的需求，同时根据实时监测数据，结合养殖对象生长模型，智能决策每日投喂量。

图 7-8　投喂决策系统界面

第四节　疾病预警远程诊断系统

一、疾病预警系统

疾病预警系统分为水环境预警模块、非水环境预警模块、症状预警模块三个部分，其中水环境预警包括对当前水质的评价预警，以及对未来水质预测后的评价预警，即水环境状态预警和趋势预警。图 7-9 为疾病预警系统结构。

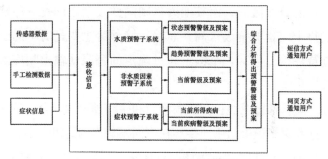

图 7-9　疾病预警系统结构

　　水环境预警模块利用专家调查方法，确定集约化养殖的主要影响因素为溶氧、水温、盐度、氨氮、pH 等水环境参数为准的预测预警。对于养殖来说，对水环境有特定的要求，因此，对于每一个影响因子，需要根据专家调查的方法，综合多个水产养殖专家的意见，来确定每个水质参数的无警、中警、重警的边界点，进而确定每一个警级的警级区间。然后按照参数的警级区间进行排列组合，并参考多个专家的意见确定每一种情况的警级大小和预警预案。

　　水环境趋势预警模块利用 BP 神经网络与遗传算法相结合的方法，根据当前水环境各个参数数值，预测两个或三个小时后的水环境各个参数数值，然后再利用状态预警的方法得出两个或三个小时后的警级大小和预警预案。

　　非水环境预警模块通过对饵料质量、鱼体损伤等因素的评价，确定当前的警级大小和预警预案。其中鱼体损伤根据无损伤、轻损伤和重损伤所占百分比来确定此因素的警级区间，而其他因素则同样按专家调查方法确定每个因素的警级区间。非水环境预警主要是对单因子进行评价，当某一个因素超过确定的警限就输出相应的预警预案。

症状预警模块包括疾病诊断和疾病预警两部分。首先根据专家知识得出不同疾病在不同发病率的警级大小。当用户输入症状时，对疾病进行诊断，得出疾病诊断结果，然后再根据用户输入的有此症状养殖品种的发病率来确定症状预警警级的大小。其中疾病的诊断采用基于知识与基于案例相结合的方法。

二、疾病诊断系统

疾病诊断系统的结构图如图 7-10 所示，由用户界面、案例维护模块、诊断推理模块和数值诊断知识维护模块四部分组成。其中，用户界面提供人机交互和诊断、治疗、预防结果显示等功能；案例维护和数值诊断知识维护是系统后台的知识库的管理模块，这两部分是由系统管理员和疾病专家根据实际得到的案例、案例诊断过程中复用的案例和数值诊断的知识对其进行增加、修改和删除等操作；诊断推理模块是根据水产养殖用户通过界面输入某品种的疾病症状信息，通过案例诊断和数值诊断，对疾病进行综合推理并得出结论，最后将诊断结果返回给用户。两种诊断方法所用到的知识信息分别从案例库和数值诊断知识库中得到。

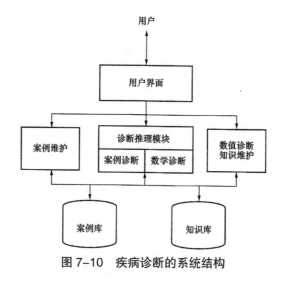

图 7-10　疾病诊断的系统结构

【应用案例】

　　2010 年，宜兴市抓住物联网发展的重大机遇，在江苏省率先提出感知农业设想，按照"引人才、建园区、上项目"的总体思路，积极引进中国农业大学和北京中农信联科技有限公司研发的水产养殖环境智能监控系统，实现了数据实时自动采集、无线传输、智能处理和预测预警信息发布、辅助决策等功能，可实现对河蟹养殖池水质特别是溶解氧的监控与调节，有效改善河蟹生长环境，提高河蟹产量和品质。和原来相比，河蟹产量提高 15%，每亩增收 1000 元；同时减轻了以往农户半夜起床给蟹塘增氧的负担，实现了农户的"幸福养蟹"。

第八章

设施园艺与物联网

第一节　设施园艺物联网的发展与总体架构

设施园艺以日光温室为主，温室结构简易，环境控制能力低；发达国家发展工厂化农业采取的是"高投入、高产出"的高科技路线，欧美地区采用智能化温室综合环境控制系统可使运作节能15%~50%，节水、节肥、节省农药，提高作物抗病性。我国设施园艺技术装备近年来得到了快速发展，但在温室环境控制、栽培管理技术、生物技术、人工智能技术、网络信息技术等方面与发达国家相比仍存在一定差距。通过物联网技术可以实现对温室的控制，并达到最优化，实现随时随地通过网络远程获取温室状态并控制温室各种环境，使作物处于适宜的生长环境；同时通过引入智能化装备，高效科学地进行肥、水、药投入，显著减轻设施作业人员劳动强度，显著提高劳动生产率，节约生产成本，提高设施蔬菜平均产量；提高温室单位面积的劳动生产率和资源产出率。

我国设施园艺普遍存在管理粗放、技术措施落实不到位、智能化水平低，导致单位生产效率低、投入产出比不高、农业产品质量安全水平起伏较大的现状。主要表现为：农药的不规范使用，致使农产品质量安全状况不稳定。调查显示，北京市叶菜类蔬菜每年施药12~23次，保护地（常年种植）施药最多可达60次以上；果菜类16~35次，最多高达 70 多次。在生产管理方面，设施园艺生产目前仍以传统经验生产为主，缺乏量化指标和配套集成技术，产品总体产量低、品质有待提高。

一、设施园艺物联网技术的发展趋势

设施园艺综合信息服务网是推进设施园艺产业化的重要途径，通过设施园艺综合应用服务平台，可以部署相关应用系统，为农业管理部门、专家等在线远程管理、服务、指导提供手段和工具，同时，有效改善设施园艺的基础装备，将有效解决基层专业技术人员不足、新技术推广应用难等问题，为设施园艺生产提供高质量的配套技术服务。

设施园艺中的温室环境是一个复杂系统，有着非线性、强耦合、大惯性和多扰动等特点，具有许多不确定性和不精确性。因此设施园艺物联网在应用过程中也有以下一些特点：

• 随着设施园艺规模和产业化程度提高，基于温室内部管理和控制的局域网特性，建立互联网远程控制及管理系统，通过互联网获取有用信息以及通过在线服务系统进行咨询是发展趋势。

• 未来的计算机控制与管理系统是综合性、多方位的，温室环境测试与自动控制技术将朝多因素、多样化方向发展，集图形、声音、影视为一体的多媒体服务系统是未来计算机应用的热点。

• 随着传感技术、计算机技术和自动控制技术的不断发展，温室计算机的应用将由简单的数据采集处理和监测，逐步转向以知识处理和应用为主。神经网络、遗传算法、模糊推理等人工智能技术在设施园艺中将得到不同程度的应用，以专家系统为代表的智能管理系统已取得了不少研究成果，温室生产管理已逐步向定量、客观化方向发展。

二、设施园艺物联网总体架构

设施园艺物联网是以全面感知、可靠传输和智能处理等物联网技术为支撑和手段、以自动化生产、最优化控制、智能化管理为主要生产方式的高产、高效、低耗、优质、生态、安全的一种现代化农业发展模式与形态，主要包括设施园艺环境信息感知、信息传输和信息处理或自动控制三个环节。

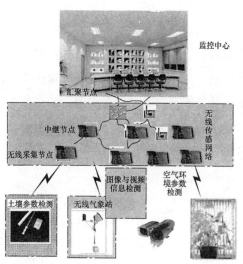

图 8-1　设施园艺物联网应用体系框架

（1）设施园艺物联网感知层：设施园艺物联网的应用一般对温室生产的 7 个指标进行监测，即通过土壤、气象、光照等传感器，实现对温室的温、水、肥、电、热、气、光进行实时调控与记录，保证温室内农作物生长在良好的环境中。

（2）设施园艺物联网传输层：一般情况下，在温室内部通过无线终端实现实时远程监控温室环境和作物长势情况。利用手机网络或短信的方式，监测大田传感器网络所采集的信息，以作物生长模拟技术和传感器网络技术为基础，通过常见作物生长模型和嵌入式模型的低成本智能网络终端进行管理。

（3）设施园艺物联网智能处理层：通过对获取的信息的共享、交换、融合，获得最优和全方位的准确数据信息，实现对设施园艺的施肥、灌溉、播种、收获等的决策管理和指导。结合经验，并基于作物长势和病虫害等相关图形图像处理技术，实现对设施作物的长势预测和病虫害监测与预警功能。还可将监控信息实时地传输到信息处理平台，信息处理平台实时显示各个温室的环境状况，根据系统预设的阈值，控制通风 / 加热 / 降温等设备，达到温室内环境可知、可控。

第二节　温室环境自动控制系统

　　温室环境控制涉及诸多领域，是一项综合性的技术，它涉及的学科和技术包括计算机技术、控制和管理技术、生物学、设施园艺学、环境科学等。要为温室作物营造一个适合作物生长的最佳的环境条件，首先要熟悉温室环境的特点和环境监控的要求，然后制定温室控制系统的总体设计方案、控制策略，并付诸实施。温室环境监控是温室生产管理的重要环节，随着设施园艺向着更加精细化、高效化、现代化的方向发展，越来越多的传感器和控制设备应用于温室生产。

一、温室自动控制系统

　　温室控制系统就是依据温室内外装设的温湿度传感器、光照传感器、二氧化碳传感器、室外气象站等采集或观测的信息，通过控制设备（如控制箱、控制器、计算机等）控制驱动／执行机构（如风机系统、开窗系统、灌溉施肥系统等），对温室内的环境气候（如温度、湿度、光照、二氧化碳等）和灌溉施肥进行调节控制以满足栽培作物的生长发育需要。温室控制系统根据控制方式可分为手动控制系统和自动控制系统。本部分重点介绍自动控制系统。

温室自动控制系统分为数字式控制仪控制系统、控制器控制系统和计算机控制系统。基于网络互联网的温室智能控制原理图如图 8-2 所示。

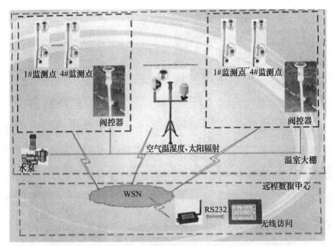

图 8-2　基于网络互联网的温室智能控制原理图

（1）数字式控制仪控制系统：这种控制系统往往只对温室的某一环境因子进行控制。控制仪用传感器监测温室内的某一环境因子，并对其设定上限值和下限值，然后控制仪自动对驱动设备进行开启或关闭，从而使温室的该环境因子控制在设定的范围内。如温控仪可通过风机、湿帘降温等手段来调节温室的温度。这种系统由于成本较低、对运行要求不高的温室来说很适用。

（2）控制器控制系统：数字式控制仪采用单因子控制，在控制过程中只对某一要素进行控制，不考虑其他要素的影响和变化，局限性非常大。实际上影响作物生长的众多环境因素之间是相互制约、相互配合的，当某一环境要素发生变化时，相关的其他要素也要相应改变才能达到环境要素的优化组合。控制器控制系统就是采用了综合环境控制。这种控制方法根据作物对各种环境要素的配合关系，当某一要素发生变化时，其他要素自动做出相应改变和调整，能更好地优化环境组合条件。控制器控制系统由单片机系统或可编程控制器与输入输出设备及驱动／执行机构组成。

（3）计算机控制系统：计算机控制系统有两类，一类由控制器控制系统与计算机系统构成，这类系统的控制器可以独立控制，将控制系统的大脑设置在计算机的主机中，计算机只需完成监视和数据处理工作，温室管理者可以利用微机进行文字处理及其他工作；另一类计算机作为专用的计算机，它是控制系统的大脑，不能用它从事其他工作。

温室控制系统根据驱动／执行机构的不同，可细分为开窗控制系统、风机控制系统、拉幕控制系统、风机湿帘水泵控制系统、补光控制系统、灌溉施肥控制系统、二氧化碳施肥控制系统、充气泵控制系统（双层充气膜温室专用）等。

在现场具体安装时，一般需要安装和配备以下设备：温室内安装土壤水分传感器、空气温湿度传感器、无线测量终端和摄像头，通过无线终端，可以实时远程监控温室环境和作物长势情况。在连栋温室内安装一套视频监控装置，通过3G或宽带技术，可实时动态展现自动控制效果。

并且该测控系统可以通过中继网关和远程服务器双向通信，服务器也可以做进一步决策分析，并对温室中的灌溉装备等进行远程管理控制。

二、环境自动控制系统

温室环境控制系统主要是基于光量、光质、光照时间、气流、植物保护、二氧化碳浓度、水量、水温、肥料等多种因素对温室环境进行控制。完整的环境控制系统包括控制器（包括控制软件）、传感器和执行机构。最简单的控制系统由单控制器、单传感器和执行机构组成，可由温度自动控制器控制加热、开闭天窗或是打开卷帘，由时间控制器控制定时灌溉，由二氧化碳浓度控制器控制释放二氧化碳进行施肥等。

在实际生产中采用这些控制系统可以大大节省劳动力，节约成本。目前的计算机环境控制系统通过采用综合环境控制方法，充分考虑各控制过程间的相互影响，能真正起到自动化、智能化和节能的作用。

为保证系统的正常运行，一般在温室内需要布置传感器监测土壤水分、土壤温度、空气温湿度、光照强度和二氧化碳含量，并进行以上参数的实时采集与无线传输，系统实时调整控制湿帘、风机、滴灌设备、遮阳设备、侧窗、加温补光、施肥等设备。图8-3（a）为土壤水分传感器，图8-3（b）为土壤温度传感器，图8-4为空气环境信息传感器。

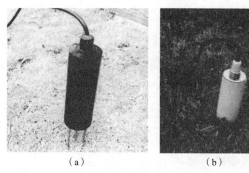

（a）　　　　　　　（b）

图 8-3　土壤水分传感器和土壤温度传感器

光照传感器　　　空气温湿度传感　　　二氧化碳传感器

图 8-4　空气环境信息传感器

（一）温室光照自动控制

光照控制主要有光照强度控制和光照周期控制两种方式。这两种控制都离不开光照强度测定仪和定时器这两个传感器基本部件。常用的光照周期控制方法有以下几种：

1. 延长日照

这种控制方法是在傍晚天色变暗的时候开始补光。

2. 中断暗期

这种方法应用光照将暗期分为两段进行补光。

3. 间歇照明

这是智能化温室自动控制系统的研制与开发，采用反复数次轮流暗期中断的方法进行补光，一般在大规模温室生产、采用人工补光栽培受电源容量限制时使用。

4. 黎明前光照

采用从黎明前到清晨进行光照。

5. 短日中断光照

对于短日植物，须根据花期需要，选择性中断光照。

（二）温室温湿度自动控制

温室空气湿度调节的目的是为了降低空气相对湿度，减少作物叶面的结露现象。降低空气湿度的方法主要有以下四种：

1. 通风换气

这是调节温室内湿度环境的最简单有效的方法。

2. 加热

在温室内空气含湿量一定的情况下，通过加热能够提高温室内温度，起到降低室内空气湿度的作用。

3. 改进灌溉方法

在温室内采用灌溉、微喷灌等节水措施可以减少地面的集水，显著降低地面蒸发量，从而降低空气湿度。

4. 吸湿

采用吸湿材料吸收空气中水分可降低空气中含湿量，从而降低空气相对湿度。

有些情况下温室需要加湿以满足作物生长要求。最常见的加湿方法是细雾加湿，即在高压作用下，水雾化成直径极小的雾粒飘在空气中并迅速蒸发，从而提高空气湿度。

（三）温室二氧化碳浓度自动控制

实时监测温室内部的二氧化碳浓度，并根据作物生长模型对二氧化碳浓度的需求，通过二氧化碳发生器自动补充，满足作物呼吸要求。

主要的二氧化碳补充方法如下：

（1）温室增施有机肥，提高土壤腐殖质的含量，改善土壤理化性状，促进根系的呼吸作用和微生物的分解活动，从而增加二氧化碳的释放量。目前此方法是解决二氧化碳肥源最有效的途径之一。

（2）石灰石加盐酸产生二氧化碳。此方法简单、价格低，是理想的二氧化碳肥源。

（3）硫酸加碳酸氢氨产生二氧化碳。

（4）施用二氧化碳颗粒肥。

（5）采用二氧化碳发生器。

三、视频监控系统

视频监控实现了温室作物图像的实时采集和远程传输，以便监测作物的长势以及作物生长过程中对水分、养分的需求情况和作物发生病虫害情况，为温室的管理和决策提供直观的依据和便利。视频监控系统由嵌入式核心处理器、视频图像采集前端、外部大容量存储卡、LED 显示屏、

JTAG 接口、网络接口等部分组成。系统的工作原理是：视频图像采集设备把采集到的图像信息通过 USB 接口传送到核心处理器，通过核心处理器处理后在 LED 显示屏上显示，存储到 CF 存储卡中，并通过网络发送到远端的监测中心。

第三节　设施园艺病虫害联防联控指挥决策系统

设施园艺病虫害联防联控指挥决策系统通过实时采集各基地系统中有关病虫害的预测预报数据，并通过系统分析和统计处理发布预处理结果，实现设施园艺病虫害发生期、发生量等的预警分析、田间虫情实时监测数据空间分布展示与分析、病虫害蔓延范围时空叠加分析；对周边地区病虫害疫情进行防控预案管理、捕杀方案辅助决策、防控指令与虫情信息上传下达等功能，为设施园艺病虫害联防联控提供分析决策和指挥调度平台。

此系统包括四个部分：病虫害实时数据采集模块、病虫害预测预报监控与发布模块、各区县重大疫情监测点数据采集与防控联动模块、病虫害联防联控指挥决策模块（见图 8-5）。

1. 病虫害实时数据采集模块

通过通信服务器将各基地的病虫害预测预报信息，以及基础数据实时采集，存储在控制中心数据库中，为疫情监控提供基础数据。

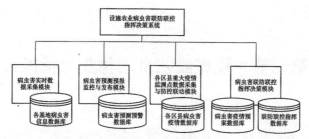

图 8-5　设施园艺病虫害联防联控指挥决策系统模块结构

2. 病虫害预测预报监控与发布模块

统计分析收集的各基地病虫害预测预警数据及基础数据，将统计分析结果实时显示在监控大屏上，专家和管理人员也可通过终端浏览和查询病虫害状况信息。

3. 各区县重大疫情监测点数据采集与防控联动模块

此模块负责实现上级控制中心与各区县现有重大疫情监测点系统的联网，实现数据的实时采集，实现上级防控指挥命令和文件的下达，实现各区县联防联控的进展交互和上级汇报。

4. 病虫害联防联控指挥决策模块

通过实时监控的病虫害疫情状况及其变化，实施疫情区域和相关区域联防联控的指挥决策，包括病虫害联防联控预案制定、远程防控会商决策、防控方案制定与下发、远程防控指挥命令实时下达、疫情防控情况汇报与汇总；实现监控区域内的联防联控，以及非监控区域内的信息收集、疫情发布和联防联控指挥与决策。

第三节　设施园艺自动作业与机器人

农业机器人是一种以完成农业生产任务为主要目的、兼有人类四肢行动、部分信息感知和可重复编程功能的柔性自动化或半自动化设备，集传感技术、监测技术、人工智能技术、通信技术、图像识别技术、精密及系统集成技术等多种前沿科学技术于一身，在提高农业生产力，改变农业生产模式，解决劳动力不足，实现农业的规模化、多样化、精准化等方面显示出极大的优越性。它可以改善农业生产环境，防止农药、化肥对人体造成危害，实现农业的工厂化生产。

用于设施园艺的农业机器人按作业对象不同通常可分为以下两类：可完成各种繁重体力劳动的农田机器人，如插秧、除草及施肥、施药机器人等；可实现蔬菜水果自动收获、分选、分级等工作的果蔬机器人，如采摘苹果、采蘑菇、蔬菜嫁接机器人等。

中国农业大学于 2010 年研发出国内第一台黄瓜采摘机器人。该黄瓜采摘机器人能在温室内自主行走，根据黄瓜和叶子的光谱学特性差异实现黄瓜的有效识别，采用双目立体视觉对黄瓜的位置进行三维空间定位后采用柔性机械手实现对黄瓜的无损抓取。重要的关键技术包括基于多传感器融合的果实信息获取技术、基于双目视觉的特征点匹配技术、智能导航控制技术、柔性和力觉感知的黄瓜采摘机械手控制技术。其采摘效率及温室示范技术处于国际领先水平。

第四节　设施园艺水肥管理系统

设施园艺水肥管理系统是指基于物联网技术的臭氧消毒机、施肥喷药一体机、灌溉施肥机等设施园艺肥水调控管理智能装备，实现设施安全生产、肥药精确调控。自动施肥系统可以连接到任何一个已经存在的灌溉系统中。根据用户在核心控制器上设计的施肥程序，施肥机上的一套文丘里注肥器按比例或浓度将肥料罐中的肥料溶液注入灌溉系统的主管道中，达到精确、及时、均匀地施肥的目的。同时通过自动施肥机上的 EC/pH 传感器的实时监控，保证施肥的精确浓度和营养液的 EC 和 pH 水平。

为使全自动配肥智能灌溉施肥机与传统的灌溉系统无缝连接，构成全自动灌溉施肥系统，全自动配肥智能灌溉施肥机的管路系统结构如图 8-6 所示，由过滤装置、灌溉控制管路、传感测量设备、混肥控制管路和营养液母液组成。

水肥混合是在混合桶内进行的，采用旁通连接方式与灌溉通道连接。系统采用过滤器净化水质，利用控制器的反冲洗功能提高自动化，降低劳动强度；传感测量设备实时在线测量监控可以精确地计量每组阀门的灌溉施肥量，保证施肥精确浓度以及营养液 EC 值和 pH 水平。混肥控制管路由施肥泵、水肥混合装置、文丘里注肥器和营养液组成。文丘里注肥器是水肥混合装置，施肥泵给文丘里注肥器提供工作压力；采用水肥混合控制阀调节注肥频率，改变水肥混合比，整个混肥管路是一个相对独立的工作系统，有利于系统的混肥控制，提高了混肥质量。

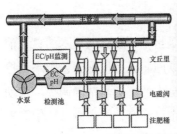

图 8-6　温室精准施肥喷药运行原理及实物

【应用案例】

在寿光市科技局的大力支持下，中国农业大学中欧农业信息技术研究中心开发的"蔬菜日光温室环境智能监控系统"（见图 8-7 和图 8-8）于 2010 年在寿光市高科技园的三元朱村等村的 30 多个大棚进行了推广应用。

该系统针对蔬菜日光温室园区布局特点及对环境监控的需求，应用传感器、无线传感网、远程控制等技术，可实时远程获取日光温室内部的空气温湿度、土壤含水量、二氧化碳浓度、光照强度及视频图像等信息，通过 WSN 和 GPRS 网络传输到服务器。农户可以通过手机实时查看日光温室内环境信息和作物长势，也可以根据作物长势或病虫草害情况，由农业专家给予远程农技指导，同时可以通过手机远程控制卷帘机等设备。

该系统可以精确采集日光温室内的环境信息，并推送到农户手机上，为农户提供种植指导，有效减少人工监护的工作量和误差，减少病害发生，提高蔬菜的产量和品质；远程控制系统可以有效降低劳动强度，大大提高工作效率，有助于扩大生产规模。

通过采用该系统，可以有效减少化肥和农药的施用量，节约灌溉用水，社会效益显著。

图 8-7　蔬菜日光温室环境智能监控系统硬件系统

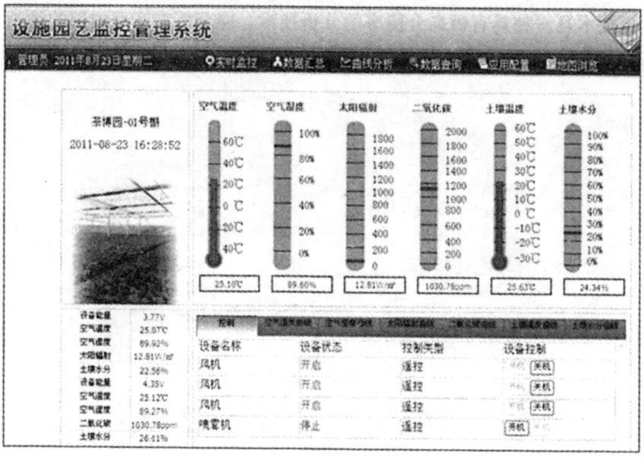

图 8-8　蔬菜日光温室环境智能监控系统软件系统

第九章

农业物联网个体识别与定位导航技术

第一节 射频识别技术原理与应用

射频识别技术最早应用于第二次世界大战期间，被用于跟踪技术，随后，它的应用范围不断扩大，现在已将其应用于物流业、防伪、交通管理等各主要领域。

射频识别技术是一种无线通信技术，在中国也得到了很快的普及。目前国内的 RFID（无线射频识别）应用中，低频和高频电子标签系统占据大多数市场。

无线射频识别技术，或称射频识别技术，是从 20 世纪 90 年代兴起的一项非接触式自动识别技术。它是利用射频方式进行非接触双向通信，以达到自动识别目标对象并获取相关数据，具有精度高、适应环境能力强、抗干扰强、操作快捷等许多优点。

无线射频识别技术由射频标签（Tag）、阅读器（Reader）和数据交换与管理系统（Processor）三大部分组成。电子标签（或称射频卡、应答器等），由耦合元件及芯片组成，其中包含带加密逻辑、串行 EEPROM（电可擦除及可编程式只读存储器）、微处理器 CPU 以及射频收发及相关电路。

其中射频标签由天线和芯片组成，每个芯片都含有唯一的识别码，一般保持有约定的电子数据，在实际的应用中，射频标签粘贴在待识别物体的表面；读写器是根据需要并使用相应协议进行读取和写入标签的信息的设备，它通过网络系统进行通信，从而完成对射频标签信息的获取、解码、识别和数据管理，有手持和固定两种；数据管理系统主要完成对数据信息的存储和管理，并可以对标签进行读写控制。射频标签与读写器之间通过耦合元件实现射频信号的空间（非接触）耦合。在耦合通道内，根据时序关系，实现能量的传递和数据的交换。

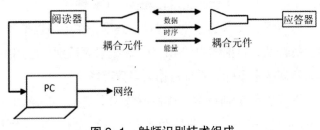

图 9-1　射频识别技术组成

射频识别技术有不同的分类。

按数据量来分，可分为1比特系统和电子数据载体系统。1比特系统只能识别"有响应"和"无响应"两种状态。该系统不能区分各个应答器，但是由于系统简单、可靠，被广泛应用于商场的防盗系统中；电子数据载体系统是一类编码系统，每个应答器都有一个识别码，同时还可以储存 16~64kb 的数据，而且一般需要将识别码和数据调制到一个载波上。

按工作频段来分，可分为低频（30~300kHz）、中频（3~30MHz）和高频系统（300~3GHz）。RFID 系统的常见的工作频率有低频 125kHz、134.2kHz，中频 13.56MHz，高频 860MHz、2.45GHz、5.8GHz 等。

低频系统的特点是电子标签内保存的数据量较少，阅读距离较短，电子标签外形多样，阅读天线方向性不强等，主要用于短距离、低成本的应用中，如多数的门禁控制、校园卡、煤气表、水表等；中频系统则用于需传送大量数据的应用系统；高频系统的特点是电子标签及阅读器成本均较高，标签内保存的数据量较大，阅读距离较远（可达十几米），适应物体高速运动状态，性能好，阅读天线及电子标签天线均有较强的方向性，但其天线波束方向较窄且价格较高，主要用于需要较长的读写距离和高读写速度的场合，多在火车监控、高速公路收费等系统中应用。

按有无内置能源来分，可分为有源的和无源的。有源电子标签使用卡内电池的能量，识别距离较长，可达十几米，但是它的寿命有限（3~10 年），且价格较高；无源电子标签不含电池，它接收到阅读器（读出装置）发出的微波信号后，利用阅读器发射的电磁波提供能量，一般可做到免维护、重量轻、体积小、寿命长、较便宜，但它的发射距离受限制，一般是几十厘米，且需要阅读器的发射功率大。

按调制方式来分，可分为主动式和被动式。主动式的电子标签用自身的射频能量主动地发送数据给读写器，主要用于有障碍物的应用中，距离较远（可达 30m）；被动式的电子标签，使用调制散射方式发射数据，它必须利用阅读器、读写器的载波调制自己的信号，适宜在门禁或交通的应用中使用。

第二节　二维码个体识别技术

二维码通过特定几何图形在二维平面上有规律分布形成的黑白相间的图像来记录信息，并在图像被识读后，利用特定图形与二进制的对应规则实现数据符号的自动识别处理。

手机二维码服务是指以移动终端和移动互联网作为二维码的存储、解读、处理和传播渠道而产生的各种移动增值服务。根据手机终端承担存储二维码信息或是解读二维码信息的功能区别，通常又可将手机二维码服务分为手机被读类应用及手机主读类应用两大类。

手机被读类应用通常是以手机存储二维码作为电子交易或支付的凭证。终端用户通过各种在线或非在线方式完成交易后，二维码电子凭证通过移动网络传输并显示在手机屏幕上，可通过专用设备识读并验证交易的真实性。

这类应用的特征主要为：手机以实现二维码的接收和存储功能为主，不对其承载的业务信息进行解析；需要专用设备对手机二维码图像进行识读；识读后的业务处理通常由专用设备执行，而与手机不直接相关。

这类业务中，二维码在被识读后通常还需要与后台交易系统交互，对其真实有效性进行检验。典型应用包括电子票、电子优惠券、电子提货券、电子会员卡和支付凭证等。

手机主读类应用是将带有摄像头的手机作为识读二维码的工具，手机安装二维码识读客户端，客户端通过摄像头识读各种媒体上的二维码图像并进行本地解析，执行业务逻辑，还可能与应用服务器发生在线交互，进而实现各种复杂的功能。

这类应用的特征主要为：二维码图像一般印刷在纸媒、户外等平面媒体上；依赖于手机客户端进行识读：手机客户端执行全部或部分业务逻辑。

此类特征的典型应用如名片、短信、上网等，根据业务内容的获取方式还可分为"在线模式"与"离线模式"。名片应用是手机客户端将从二维码图像中识读的信息存入手机本地的通信录：短信应用是客户端从二维码图像中读取内容和特定号码，调用手机短信功能将内容发送给该号码；上网应用是客户端从二维码图像中读取 URL 地址，并自动发起到该地址的连接，获取资讯、广告或其他服务。

二维码码制标准众多，我国制定了国家标准的包括 QR 码、GM 码、CM 码、汉信码，其中 CM 码不适宜手机二维码应用。此外 DM 码由于有国际标准可依，在我国也得到了实际上的广泛应用。

对手机被读类业务的码制选择，主要考虑手机显示屏幕大小和像素限制对手机二维码可读性的影响；对手机主读类业务的码制选择，主要考虑手机终端处理能力和摄像头性能的影响。尽管 QR 码、DM 码、GM 码、汉信码在字节容量、纠错等级、识读角度、抗污损能力上存在差别，但基本都能满足手机二维码应用的需求，技术性能的差异并不足以成为运营商选择码制的决定性因素。

运营商选择手机二维码码制，应考虑以下几个基本原则：

规范：有国家标准、国际标准可依。

成熟：厂商支持度较好，有商用案例。

开放：无专利隐患。

性优：性能指标较好。

在 QR 码、DM 码、GM 码、汉信码这 4 类码制中，QR 码最能满足上述条件。汉信码尽管性能略优，且专利开放，但支持厂商太少；DM 码没有国家标准可依，对汉字的支持较弱，且存在专利隐患；GM 码同样存在厂商支持度不足的问题，基本上属于矽感公司独家。相比之下，QR 码在国内外应用广泛，标准开放，产业链成熟，是相对较优的选择。

第三节　条形码

条形码是由一组规则排列的条、空以及对应的字符组成的标记，"条"指对光线反射率较低的部分，"空"指对光线反射率较高的部分，这些条和空组成的数据表达一定的信息，并能够用特定的设备识读，转换成与计算机兼容的二进制和十进制信息。

通常对于每一种物品，它的编码是唯一的，对于普通的一维条形码来说，还要通过数据库建立条形码与商品信息的对应关系，当条形码的数据传到计算机上时，由计算机上的应用程序对数据进行操作和处理。因此，普通的一维条形码在使用过程中仅作为识别信息，它的意义是通过在计算机系统的数据库中提取相应的信息而实现的。

要将按照一定规则编译出来的条形码转换成有意义的信息，需要经历扫描和译码两个过程。物体的颜色是由其反射光的类型决定的，白色物体能反射各种波长的可见光，黑色物体则吸收各种波长的可见光，所以当条形码扫描器光源发出的光在条形码上反射后，反射光照射到条形码扫描器内部的光电转换器上，光电转换器根据强弱不同的反射光信号，转换成相应的电信号。

根据原理的差异，扫描器可以分为光笔、红光CCD、激光、影像四种。电信号输出到条形码扫描器的放大电路增强信号之后，再送到整形电路将模拟信号转换成数字信号。白条、黑条的宽度不同，相应的电信号持续时间长短也不同，主要作用就是防止静区宽度不足。然后译码器通过测量脉冲数字电信号0、1的数目来判别条和空的数目。通过测量0、1信号持续的时间来判别条和空的宽度。此时得到的数据仍然是杂乱无章的，要知道条形码所包含的信息，则需根据对应的编码规则（例如：EAN-8码），将条形符号换成相应的数字、字符信息。最后，由计算机系统进行数据处理与管理，物品的详细信息便被识别了。

其扫描原理为：条形码的扫描需要扫描器，扫描器利用自身光源照射条形码，再利用光电转换器接受反射的光线，将反射光线的明暗转换成数字信号。不论是采取何种规则印制的条形码，都由静区、起始字符、数据字符与终止字符组成。有些条形码在数据字符与终止字符之间还有校验字符。

• 静区：静区也叫空白区，分为左空白区和右空白区，左空白区是让扫描设备做好扫描准备，右空白区是保证扫描设备正确识别条形码的结束标记。

为了防止左右空白区（静区）在印刷排版时被无意中占用，可在空白区加印一个符号（左侧没有数字时印 "<" 号，右侧没有数字时加印 ">" 号）这个符号就叫静区标记。主要作用就是防止静区宽度不足。只要静区宽度能保证，有没有这个符号都不影响条形码的识别。

• 起始字符：第一位字符，具有特殊结构，当扫描器读取到该字符时，便开始正式读取代码了。

• 数据字符：条形码的主要内容。

• 校验字符：检验读取到的数据是否正确。不同编码规则可能会有不同的校验规则。

• 终止字符：最后一位字符，一样具有特殊结构，用于告知代码扫描完毕，同时还起到只是进行校验计算的作用。

为了方便双向扫描，起止字符具有不对称结构。因此扫描器扫描时可以自动对条形码信息重新排列。

条形码扫描器有光笔、CCD、激光、影像四种。

• 光笔：最原始的扫描方式，需要手动移动光笔，并且还要与条形码接触。

• CCD：以 CCD 作为光电转换器，LED 作为发光光源的扫描器。在一定范围内，可以实现自动扫描，并且可以阅读各种材料、不平表面上的条形码，成本也较为低廉。但是与激光式扫描器相比，扫描距离较短。

• 激光：以激光作为发光源的扫描器。又可分为线型、全角度等几种。线型扫描器多用于手持式扫描器，范围远，准确性高。全角度扫描器多为工业级固定式扫描，自动化程度高，在各种方向上都可以自动读取条形码及输出电平信号，结合传感器使用。

• 影像：以光源拍照利用自带硬解码板解码，通常影像扫描可以同时扫描一维及二维条形码。

第四节　全球卫星定位系统

全球定位系统，又称全球卫星定位系统，是一个中距离圆形轨道卫星导航系统，结合卫星及通信发展的技术，利用导航卫星进行测时和测距。现在常见的全球卫星定位系统有 GPS 和北斗卫星导航系统。

一、GPS

GPS是美国从20世纪70年代开始研制，历时20余年，于1994年全面建成，具有在海、陆、空进行全方位实施三维导航与定位能力的新一代卫星导航与定位系统。

经过我国测绘等部门的使用表明，全球定位系统以全天候、高精度、自动化、高效益等特点，赢得广大测绘工作者的信赖，并成功地应用于大地测量、工程测量、航空摄影测量、运载工具导航和管制、地壳运动监测、工程变形监测、资源勘察、地球动力学等多种学科，从而给测绘领域带来一场深刻的技术革命。

目前全球定位系统的使用者只需拥有GPS终端机即可使用该服务，不用另外付费。目前民用GPS可以达到十米左右的定位精度。

GPS系统并非GPS导航仪，多数人提到GPS系统首先联想到GPS导航仪，GPS导航仪只是GPS系统运用中的一部分。GPS系统是运用较好的导航定位系统，随着它的不断改进，硬、软件的不断完善，应用领域正在不断开拓，目前已遍及国民经济各种部门，并开始逐步深入人们的日常生活。

全球定位系统由监控中心和移动终端组成，监控中心由通信服务器及监控终端组成。通信服务器由主控机、GSM/GPRS接受发送模块组成。移动终端由GPS接收机、GSM收发模块、主控制模块及外接探头等组成。事实上

GPS 定位系统是以 GSM、GPS、GIS 组成具有高新技术含量的"3G"系统。

GPS 接收机的结构分为：天线单元和接收单元两大部分。

GPS 系统包括三大部分：空间部分——GPS 星座（GPS 星座是由 24 颗卫星组成的星座）；地面控制部分——地面监控系统；用户设备部分——GPS 信号接收机。

用户设备部分即 GPS 信号接收机。其主要功能是能够捕获到按一定卫星截止角所选择的待测卫星，并跟踪这些卫星的运行。当接收机捕获到跟踪的卫星信号后，即可测量出接收天线至卫星的伪距离和距离的变化率，解调出卫星轨道参数等数据。根据这些数据，接收机中的微处理计算机就可按定位解算方法进行定位计算，计算出用户所在地理位置的经纬度、高度、速度、时间等信息。接收机硬件和机内软件以及 GPS 数据的后处理软件包构成完整的 GPS 用户设备。GPS 接收机的结构分为天线单元和接收单元两部分。接收机一般采用机内和机外两种直流电源。设置机内电源的目的在于更换外电源时不中断连续观测。在用机外电源时机内电池自动充电。关机后，机内电池为 RAM 存储器供电，以防止数据丢失。目前各种类型的接收机体积越来越小，重量越来越轻，便于野外观测使用。

二、北斗卫星导航系统

北斗卫星导航系统（以下简称北斗系统）是中国着眼

于国家安全和经济社会发展需要，自主建设、独立运行的全球卫星导航系统，是为全球用户提供全天候、全天时、高精度的定位、导航和授时服务的国家重要时空基础设施。

北斗系统由空间段、地面段和用户段三部分组成：

空间段，由若干地球静止轨道卫星、倾斜地球同步轨道卫星和中圆地球轨道卫星等组成。

地面段，包括主控站、时间同步/注入站和监测站等若干地面站，以及星间链路运行管理设施。

用户段，包括北斗兼容其他卫星导航系统的芯片、模块、天线等基础产品，以及终端产品、应用系统与应用服务等。

北斗卫星导航系统具有以下特点：一是北斗系统空间段采用三种轨道卫星组成的混合星座，与其他卫星导航系统相比高轨卫星更多，抗遮挡能力强，尤其低纬度地区性能优势更为明显。二是北斗系统提供多个频点的导航信号，能够通过多频信号组合使用等方式提高服务精度。三是北斗系统创新融合了导航与通信能力，具备定位导航授时、星基增强、地基增强、精密单点定位、短报文通信和国际搜救等多种服务能力。

2020年7月31日，北斗三号全球卫星导航系统正式开通，标志着北斗"三步走"发展战略圆满完成，北斗迈进全球服务新时代。北斗系统提供服务以来，已在交通运输、农林渔业、水文监测、气象测报、通信授时、电力调度、救灾减灾、公共安全等领域得到广泛应用，服务国家重要基础设施，产生了显著的经济效益和社会效益。

根据中国卫星导航定位协会发布的《2022 中国卫星导航与位置服务产业发展白皮书》，2021 年我国卫星导航与位置服务产业总体产值达到 4690 亿元，较 2020 年增长 16.29%。近年来，北斗卫星导航系统在农业领得到了广泛应用，北斗三号系统在精准农业领域的播种、无人机、植保、收割等应用场景不断增加。

以现在出现的精准农业技术为例，其核心是以卫星导航为主的空间信息技术（高精度定位等）为支撑，将相关技术渗透到各个生产环节（土壤及作物监测、农机定位与自动作业等），通过定点、定时、定量地精准控制农资施用，在尽可能保护生态环境同时，提高农业产出及效益。

中央网信办、农业农村部、国家发展改革委、工业和信息化部、国家乡村振兴局联合发布的《2022 年数字乡村发展工作要点》中指出，要推进北斗智能终端在农业生产领域应用。中国将持续推进北斗应用与产业化发展，服务国家现代化建设和百姓日常生活，为全球科技、经济和社会发展做出贡献。

第十章

遥感技术和无线传感网络

第一节　农业遥感的基本原理与分类

一、农业遥感的基本原理

农业遥感是将遥感技术与农学各学科及其技术结合起来，为农业发展服务的一门综合性很强的技术。主要包括利用遥感技术进行土地资源的调查，土地利用现状的调查与分析，农作物长势的监测与分析，病虫害的预测，以及农作物的估产等，是当前遥感应用的最大用户之一。

遥感卫星能够快速准确地获取地面信息，结合地理信息系统（GIS）和全球定位系统（GPS）等其他现代高新技术，可以实现农情信息收集和分析的定时、定量、定位，客观性强，不受人为干扰，方便农事决策，使发展精准农业成为可能。

农业遥感的基本原理是：遥感影像的红波段和近红外波段的反射率及其组合与作物的叶面积指数、太阳光合有效辐射、生物量具有较好的相关性。通过卫星传感器记录的地球表面信息，辨别作物类型，建立不同条件下的产量预报模型，集成农学知识和遥感观测数据，实现作物产量的遥感监测预报。

二、农业遥感平台分类

（一）地面遥感

地面遥感是把遥感平台安置在地表的遥感方式。传感器装在遥感汽车、遥感船或遥感高塔等地面平台上，由人工直接操作，如陆地立体摄影、地面地物光谱测试。

地面遥感实验是传感器定标、遥感信息模型建立、遥感信息提取的重要技术支撑。

（二）航空遥感

航空遥感又称机载遥感，是指利用各种飞机、飞艇、气球等作为传感器运载工具在空中进行的遥感技术，是由航空摄影侦查发展而来的一种多功能综合性探测技术。依飞行器的工作高度和应用目的，航空遥感分高空（10000~20000m）、中空（5000~10000m）和低空（＜5000m）三种类型遥感作业，具有机动、灵活的特点。

飞机是航空遥感的主要平台，它具有分辨率高、调查周期短、不受地面条件限制、资料回收方便等特点。高空气球或飞艇遥感具有飞行高度高、覆盖面大、空中停留时间长、成本低和飞行管制简单等特点，同时还可对飞机和卫星均不易到达的平流层进行遥感活动。

航空遥感的遥感方式除传统的航空摄影外，还有多波段摄影、彩色红外和红外摄影、多波段扫描和红外扫描、侧视雷达等成像遥感；也可进行激光测高、微波探测、地物波谱测试等非成像遥感。航空遥感所用的传感器多为航空摄影机、航空多谱段扫描仪和航空侧视雷达等。由航空摄影机获取的图像资料为多种形式的航空图片（如黑白片、黑白红外片、彩色片、彩红外片等）。由航空多谱段扫描仪可获得多光谱航空图片，其信息量大大多于单波段航空图片。航空侧视雷达从飞机侧方发射微波，在遇到目标后，其反向散射的返回脉冲在显示器上扫描成像，并记录在胶片上，产生雷达图像。

（三）航天遥感

航天遥感是利用装载在航天器上的遥感器收集地物目标辐射或反射的电磁波，以获取并判断大气、陆地或海洋环境信息的技术。各种地物因种类和环境条件不同，都有不同的电磁波辐射或反射特性。感测并收集地物和环境所辐射或反射的电磁波的仪器称为遥感器。航天遥感能提供地物或地球环境的各种丰富资料，在国民经济和军事的许多方面获得广泛的应用，例如气象观测、资源考察、地图测绘和军事侦察等。

航天遥感是一门综合性的科学技术，它包括研究各种地物的电磁波波谱特性，研制各种遥感器，研究遥感信息记录、传输、接收、处理方法以及分析、解译和应用技术。航天遥感的核心内容是遥感信息的获取、存储、传输和处理技术。

航天遥感系统由遥感器、信息传输设备以及图像处理设备等组成。装在航天器上的遥感器是航天遥感系统的核心，它可以是照相机、多谱段扫描仪、微波辐射计或合成孔径雷达。航天遥感可分为可见光遥感、红外遥感、多谱段遥感、紫外遥感和微波遥感。信息传输设备是航天器内的遥感器向地面传递信息的工具，遥感器获得的图像信息也可记录在胶卷上直接带回地面。图像处理设备对接收到的遥感图像信息进行处理（几何校正、辐射校正、滤波等）以获取反映地物性质和状态的信息。判读和成图设备是把经过处理的图像信息提供给判读、解译人员直接使用，或进一步用光学仪器或计算机进行分析，找出特征并与典型地物特征作比较，以识别目标。地面目标特征测试设备测试典型地物的波谱特征，为判读目标提供依据。

第二节　农业遥感的应用

遥感技术可以客观、准确、及时地提供作物生态环境和作物生长的各种信息，它是精确农业获得田间数据的重要来源。

遥感技术在精确农业中的应用主要有以下几个方面：

一、农作物实际播种面积的遥感监测与估算

在我国，由于耕地的数量减少与质量下降，耕地保护已经成为实现农业可持续发展的一个重要战略任务。遥感信息因其信息量丰富、覆盖面大、实时性和现实性强、获取速度快、周期短和可靠的准确性以及省时、省力、费用低等优点，被广泛用于测定农业用地的数量和质量的动态变化。通过遥感卫星监测并记录下农作物覆盖面积数据，在此基础上可以对农作物进行分类，估算出每种作物的播种面积。

遥感估产是建立作物光谱与产量之间联系的一种技术，通过光谱来获取作物的生长信息。在实际工作中，常常用绿度或植被指数作为评价作物生长状况的标准，植被指数中包括了作物长势和面积两方面的信息。

二、农作物长势与产量的遥感监测与估算

作物长势是作物生育状况总体评价的综合参数。农作物长势监测指对作物的苗情、生长状况及其变化的宏观监测。不同作物的发育期不同、长势不同，它们的光谱反射率不同，叶面积和生物产量有很好的线性关系。利用这一特性可以测定叶面积指数，从而监测作物长势，进行估产。也可以利用 $0.6\sim0.7\,\mu m$ 波长的可见光与 $0.75\sim1.00\,\mu m$ 的近红外光的反射率比值来估算生长量，比值愈大说明作物

生长愈好，反之生长不良。再根据比值与干物重建立回归关系，求出回归系数，从而获得单位面积产量的近似公式。

利用卫星遥感技术监测我国广大农业区作物生产状况，为估测作物产量提供监测与预测结果，逐步成为指导和决策农业生产不可缺少的重要信息，将产生显著的社会效益和经济效益。

农业模型已被公认为农业研究的一个新方法。农业模型由于将农业过程数字化，使得农业科学从经验水平提高到理论水平，是农业科学在方法论上的一个新突破。我国作物模型的研究开始于 20 世纪 80 年代中期，机理性较强的有高亮之的水稻模型 RICEMOD、威昌翰的水稻模型 RICAM、冯利平的小麦模型 WHEATSM、尚宗波的玉米模型 MPESM 等。

这些模型能够反映作物生长和发育的基本生理生态机理和过程，具有动态性和通用性。但是，各种模型本身对作物的描述有简有繁，许多模型中采取了一系列的假设来描述未知生理过程，使得精度降低。另外，模型所描述的大量气候、土壤和作物特性资料不易得到，也增加了应用难度，需要进行深入的研究和矫正。

三、农作物生态环境监测

利用遥感技术可以对土壤侵蚀、土壤盐碱化面积、主要分布区域与土地盐碱化变化趋势进行监测，也可以对土壤水分和其他作物生态环境进行监测，这些信息有助于田间管理者采取相应措施。德国、日本、印度等应用卫星成像系统，早期辨别农作物病虫害，及时采取对策，有效地减少了病虫害的危害程度，提高了经济效益。

四、农业灾害监测

对重大灾害进行动态监测和灾情评估，减轻自然灾害所造成的损失是遥感技术应用的重要领域。利用遥感技术，结合各种自然灾害的实际应用模型，研究监测各种自然灾害的发生、发展、灾情、损失、评估等，同时对监测到的灾情及时预报，从而最大限度地减轻自然灾害所造成的损失。

目前遥感灾害监测已经比较成熟地应用在干旱、洪涝、冻害等农业气象灾害的监测中。气候异常对作物生长有一定影响，利用遥感技术可以监测和定量评估作物受灾程度，作物受旱涝灾害影响的面积，对作物损失进行评估，然后针对具体受灾情况，进行补种、浇水、施肥或排水等抗灾措施。

五、农业结构调整和区域发展

在不同资源条件对发展农业生产的适宜性之间常常出现互不一致的矛盾，采用遥感技术可对各项资源条件不尽一致的适宜性进行空间分析，便于集中反映出各因素适宜性的空间组合，从而因地制宜地为指导农业生产提供科学依据，提高资源可持续利用的效率。

农业结构调整中，农业区划必须根据客观规律，特别是地域分异规律的要求，阐明自然条件（地貌、土壤、气候、植被、动物、水文、地质等）发生、发展和分布的规律；阐明社会经济条件（人口、劳动力、技术、收入分配、地理位置等）发展、变化和分布规律，查明和评价这些农业生产条件中的资源数量、质量和空间分布对农业生产的影响，研究根据地域生产综合体内的相似性及其潜力如何开发、利用、保护，提出发展方向、合理结构、决策性指标和战略性措施，从而为农业规划提供科学依据和论证。分区划片和形成合理的农业生产结构和布局更需要强大的空间分析技术和稳定的空间数据信息来支持。

六、数字农业

数字农业是遥感、地理信息系统、全球定位系统、机电一体化与农业的有机结合，是遥感技术在农业领域应用的集中体现。数字农业是一个信息密集型的技术，对信息获取、处理技术具有极高的要求，也是信息技术发展到一定程度的必然结果；另外，数字农业也是一项环境友好的技术，因为农业生产中农药和化肥的过量施用，会造成严重的环境污染，农业耕作过度也将导致诸如水土流失等环境的破坏。因而，发展数字农业技术也是环境保护和可持续发展的需要。

第三节 无线传感器网络的体系结构

一、无线传感器网络的拓扑结构

无线传感器网络结构如图 10-1 所示，无线传感器网络系统通常包括传感器节点、汇聚节点和管理节点。大量传感器节点随机部署在监测区域内部或附近，能通过自组织方式构成网络。

传感器节点监测的数据沿着其他传感器节点逐跳地进行传输，在传输过程中监测数据可能被多个节点处理，经过多跳后路由到汇聚节点，最后通过互联网或卫星达到管理节点。用户通过管理节点对传感器网络进行配置和管理，发布监测任务以及收集监测数据。

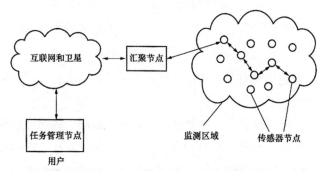

图 10-1 无线传感器网络体系拓扑结构

传感器节点通常是一个微型的嵌入式系统，它的处理能力、存储能力和通信能力相对较弱，通过携带能量有限的电池供电。从网络功能上看，每个传感器节点兼顾传统网络节点的终端和路由器双重功能，除了进行本地信息收集和数据处理外，还要对其他节点转发来的数据进行存储、管理和融合等处理，同时与其他节点协作完成一些特定任务。

汇聚节点的处理能力、存储能力和通信能力相对比较强，它连接传感器网络与互联网等外部网络，实现两种协议栈之间的通信协议转换，同时发布管理节点的监测任务，并把收集的数据转发到外部网络上。汇聚节点既可以是一个具有增强功能的传感器节点，有足够的能量供给和更多的内存与计算资源，也可以是没有监测功能仅带有无线通信接口的特殊网关设备。

管理节点通过实时获取的相关信息，结合专家知识经验进行分析和科学决策，为农业生产管理提供预警及决策支持。同时，用户也可以通过终端管理和分析软件来观测网络的运行状况，并能对网络中的各个节点进行管理和监控。

二、无线传感器网络节点结构

传感器节点由传感器模块、处理器模块、无线通信模块和能量供应模块四部分组成，如图 10-2 所示。传感器模块负责监测区域内信息的采集和数据转换；处理器模块负责控制整个传感器节点的操作，存储和处理本身采集的数据以及其他节点发来的数据；无线通信模块负责与其他传感器节点进行无线通信，交换控制消息和收发采集数据；能量供应模块为传感器节点提供运行时所需的能量，通常采用微型电池。

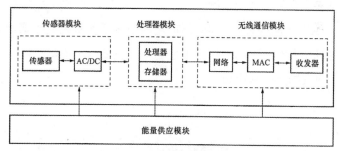

图 10-2　传感器节点结构

三、无线传感器网络在农业中的应用

目前无线技术在农业中的应用比较广泛，但大都是具有基站星型拓扑结构的应用，并不是真正意义上的无线传感器网络。农业一般应用是将大量的传感器节点构成监控网络，通过各种传感器采集信息，以帮助农民及时发现问题，并且准确地确定发生问题的位置，这样农业将有可能逐渐地从以人力为中心、依赖于孤立机械的生产模式转向以信息和软件为中心的生产模式，从而大量使用各种自动化、智能化、远程控制的生产设备

英特尔公司率先在俄勒冈州建立了第一个无线葡萄园。传感器节点被分布在葡萄园的每个角落，每隔一分钟

检测一次土壤温度、湿度或该区域的有害物的数量以确保葡萄可以健康生长，进而获得大丰收。澳大利亚的一个研究中心将无线传感器节点安置在动物身体上对动物的生理状况（脉搏、血压等）和外界环境进行监测，研制成完善的草地放牧与动物模型。

以上是无线传感器网络应用的事例，其实无线传感器网络在大农业中的应用远不止这些，下面分别提出一些简单的应用思路和设想。

（一）温室环境应用

现代化温室作为一种高投入、高产出和高效益的集约化生产方式，能够通过改变环境参数创造出植物生长所需的最佳环境条件，达到增加作物产量、提高作物品质、调节作物生产周期和提高经济效益的目的。在温室应用中，采用不同的传感器节点和具有执行机构的装置（如通风设备、喷雾增湿装置、浇灌阀门、辅助照明系统和温控系统等）构成无线网络，实时监测土壤含水量、养分、空气温湿度、光照、pH 和二氧化碳浓度等作物生长的环境信息。系统将监测数据作为自动控制的参变量，结合专家数据自动执行相应操作，将室内温、光、水、肥、气等诸因素综合协调到最佳状态，使作物始终处于最佳生长环境，确保一切生产活动科学、有序、规范和持续地进行。

（二）农业水文水利监测

在农业水文水利监测中，由于监测区域广、项目多且大都存在无人值守或者职守人员不足的情况，特别是在突发恶劣的气候环境时很难保证相关数据及时地传递至监测中心，而可能造成重大损失。采用无线传感网络进行相关水文数据的监测预警，组网方式简单灵活，省时省力，且实时性强。低成本、低功耗、具有休眠和唤醒工作机制的传感节点，可以保证网络能长期稳定地工作在野外环境。如基于 ZigBee 技术的无线水文水利监测网络，包括水位计、雨量计、风速仪和闸位计等测量终端节点，根据实际需要可安装在河流、水库或农田等指定地点，以野外无人值守方式工作。

（三）农田节水灌溉

我国是一个水资源相对缺乏的国家，尽管水资源总量在世界上排名靠前，但是人均占有量却不多。在众多的水资源消费中，农业用水是第一大户，占用水总量的 60%左右。由于多年来采取传统的大水漫灌方式，我国农业用水的有效利用率仅为 40% 左右，远低于美国等发达国家70%~80% 的水平。因此，大力发展节水灌溉，提高灌溉用水的利用效率，对改善我国水资源紧缺的现状和实现农业可持续发展具有重要意义。

农作物的需水信息是实施灌溉的依据，而需水信息的实时传输则是节水灌溉控制系统中的一个难点。由于无线传感器网络具有应用成本低、网络结构灵活、数据传输距离远等特点，一个切实可行的灌区无线传感器网络系统，实现了农作物需水信息的无线实时传输，为实时适量灌溉提供了依据和保证。如基于 ZigBee 技术的无线传感器网络与 GPRS 网络相结合的节水灌溉控制系统，能根据土壤墒情和作物用水规律实施精准灌溉，有效地解决了农业灌溉用水利用率低的问题；基于 CC2430 的无线传感器网络自动控制滴灌系统，该系统能够监测植物土壤湿度、环境温度和光照的变化，通过无线网络将传感器信号反馈，结合传感器融合技术对滴灌动作做出精确判断。

（四）用于家禽健康状况及行为特征监控

随着畜牧业的快速规模化养殖，畜禽各类流行性疫病（禽霍乱、禽流感、布鲁氏菌病等）的不断暴发和传播，给畜禽养殖业带来了沉重的打击。目前，判断家禽是否患病基本上是靠人工观测的方法，不但消耗大量的人力，而且容易出现误判或漏判。特别是在一些大型的规模化养殖场所，如果不及时将禽畜隔离医治，就全出现疫情扩散的情况，从而造成重大损失。

当禽畜出现疫情时会出现一些行为反常，如体温升高、厌食、反刍减弱或停止、行动迟缓等现象，若能及时发现病情并隔离、诊断和治疗，则能有效减小疫情传播和降低损失。在畜牧业中利用无线传感器网络自动、实时地监测禽畜的行为特征及健康状况信息，对禽畜（如发情、疾病、疫情等）生理特征信息进行监控和预警。如在奶牛颈部安装无线传感器节点获取奶牛的体温、呼吸频率和运动加速度等参数，并建立动物行为监测系统，能准确区分奶牛静止、慢走、爬和跨等行为特征，从而达到长期监测奶牛健康状态的目的。

此外，无线传感器网络在水产养殖业及其水质监测、农作物虫害监测、果蔬和粮食的储藏、农作物喷药和施肥等方面都得到了应用。

综上所述，将无线传感器网络应用于现代农业，可以在农业生产、经营和管理过程中实现高效、实时的无人监控，能为科学生产提供可靠信息，也能进一步节省人力资源，节约人工成本，获得良好的生态效益和经济效益。

四、无线传感器网络应用于现代农业的优势

在进行农业信息采集时，有线传输方式仅适合于测量点位置固定、需长期连续监测的场合，而对于移动测量或距离很远的野外测量则需要采用无线方式。与传统的手段相比，使用无线传感器网络进行信息采集有 5 个显著的优势。

• 传感器节点的体积很小且整个网络只需要部署一次，因此，部署无线传感器网络对农业环境的人为影响很小，这一点在对外来生物活动非常敏感的环境中显得尤为重要。

• 无线传感器网络节点数量大、分布密度高，每个节点可以检测到局部环境的详细信息并汇总到基站。因此，传感器网络具有数据采集量大、精度高的特点。

• 无线传感器网络节点本身具有一定的计算能力和存储能力，可以根据物理环境的变化进行较为复杂的监控，传感器节点还具有无线通信能力，可以在节点间进行协同

监控。

• 无线传感器网络系统更适合于人不能或不宜到达的地域，节点的部署采用非人工、随机方式实施。无线传感器网络系统可以通过一套合适的通信协议保证网络在无人干预的情况下自动组网、自动运行。在节点失效等问题出现的情况下，系统能自动调整，实现无人值守。

• 无线传感器网络具有低功耗、节能，成本低、无线、自组织等特征，非常适合用于农业信息采集。

目前，通过无线传感器网络可以把分布在远距离不同位置上的通信设备连在一起，实现相互通信和网络资源共享。此外，无线网络的优点还包括较高的专属带宽、抗干扰能力强、安全保密性好、功率谱密度低。利用无线网络的上述特点，可组建针对农业信息采集和管理的本地无线局域网络，实现农业信息的无线、实时传输。同时，可以给用户提供更多的决策信息和技术支持，实现整个系统的远程管理。

第十一章

信息处理及预测预警

第一节 信息处理技术体系

农业信息技术是指利用信息技术对农业生产、经营管理、生产决策过程中的自然、经济和社会信息进行采集、存储、传递、处理和分析，为农业研究者、生产者、经营者和管理者提供资料查询、技术咨询、辅助决策和自动调控等多项服务的技术总称。它是信息技术和农业技术发展相结合的边缘交叉学科，是信息技术在农业领域的应用分支，是利用现代高新技术改造传统农业的重要途径。

信息技术在农业领域中的应用始于20世纪70年代末，经过30多年的发展，在农业生产过程、农业灾害监测预报、农业资源、畜禽饲养、水产养殖、植物保护及经济决策、农产品加工等方面都开展了相应的研究和应用。农业信息技术利用计算机、网络系统收集、处理并传递来自各地的农业技术信息，通过建立农业数据库系统，使各种农业技术、市场信息、病虫害情况与预报、天气状况与预报等数据能够得到充分利用，并在数据系统支持下，开展农业作业的优化精准、自动控制、预测预警、管理与决策等方面的研究应用。世界各国都在不遗余力地研究如何将信息技术与农业生产相结合，减少劳动力消耗，提高农业生产效益，促进农业经济的快速增长。

农业信息处理技术按其智能化程度的高低，可分为基础农业信息技术和智能化农业信息技术两大类。

（1）基础农业信息处理技术主要指涉农数据库的建立及与计算机网络、遥感、GIS、GPS、多媒体技术等的结合，其主要功能是提供动态信息以帮助决策，智能化程度低，主要包括数据存储、数据搜索、数据加密等技术。

（2）智能农业信息处理技术主要是运用信息技术、人工智能技术，汇集农业领域专家的知识、经验和技术，以农业系统模拟模型、农业经济模型、农业专家系统及农业综合模型为基础和核心所形成的农业生产管理决策支持系统，其主要功能是进行农业生产过程的预测预警、智能控制、诊断推理等，智能化程度高。

（3）农业信息处理技术主要涉及基础农业信息处理技术，如数据存储技术、数据搜索技术、云计算技术等，以及智能农业信息处理技术，如预测预警、诊断推理、智能控制等。农业信息处理技术是现代信息技术与农业科技的结合，是实现信息有效传递、分析转换、智能应用的重要手段。农业信息处理技术在农业物联网中占有非常重要的地位，是实现农业生产智能化的关键。

一、数据存储技术

农业物联网实现农业生产过程的自动监控和管理，会产生海量的监测数据。如果不能及时地对数据进行存储和组织，提供便捷的查询、统计和分析利用，就会造成极大的浪费。数据库技术解决了计算机信息处理过程中大量数据有效地组织和存储的问题，是实现数据共享、保障数据安全以及高效地检索数据的重要工具。

（一）数据库存储技术

数据库是按照数据结构来组织、存储和管理数据的仓库，是计算机数据处理与信息管理系统的一个核心技术。它研究如何组织和存储数据，如何高效地获取和处理数据。通过研究数据库的结构、存储、设计、管理，对数据库中的数据进行处理、分析和理解。

数据库技术研究和管理的对象是数据，所以数据库技术所涉及的具体内容主要包括：通过对数据的统一组织和管理，按照指定的结构建立相应的数据库和数据仓库；利用数据库管理系统和数据挖掘系统设计出能够实现对数据库中的数据进行添加、修改、删除、处理、分析、理解、报表和打印等多种功能的数据管理和数据挖掘应用系统。

目前，有许多数据库产品，如 Oracle、Sybase、Informix、SQL 和 FoxPro 等，它们以各自特有的功能，在数据库市场上占有一席之地。

农业物联网系统选择数据库管理系统时应考虑以下几个方面：数据库管理系统的性能分析、对分布式应用的支持、并行处理能力、并发控制功能、数据安全性等。

（二）农业数据库建设

目前，全世界建立了 4 个大型的农业信息数据库，即联合国粮农组织的农业数据库（AGRIS）、国际食物信息数据库（IFIS）、美国农业部农业联机存取数据库（AGRICOLA）、国际农业与生物科学中心数据库（ABI）。我国除引进了以上世界大型数据库外，自己建立了 100 多个数据库，主要包括各种农作物、果树、蔬菜、园艺植物、畜禽动物、水产动植物的品种分类、生态适宜性、植物营养状况、农艺形状、抗性、品质、长势、作物营养需求、农业病虫害、主产区、产量等数据。具有代表性的有中国农业文摘数据库、全国农业经济统计资料数据库、农产品集贸市场价格行情数据库等。这些数据库的运行和服务都取得了社会效益和经济效益，为农业生产提供了大量的农业信息资源和科学技术，推动了农业生产的发展。

二、数据搜索技术

随着网络的飞速发展，互联网上的农业信息网站数量和规模都达到了一定量。中国在农业信息资源建设上主要分为政府部门主导的农业信息网站、农业科研教育信息网站、涉农企业和机构的信息网站 3 种。各部门、企业、地方根据自身农业发展需要，构建相应的农业信息网、数据库系统，在一定程度上满足了当前农业信息化发展对信息资源的需求。

　　互联网上提供了海量的农业信息供我们使用，如何从互联网上得到我们需要的信息呢？搜索引擎是当前人们检索信息最普遍的软件工具，它能够从互联网上自动搜集信息，对原始文档进行一系列的整理和处理，为用户提供查询服务。搜索引擎按照原理和工作方式可分为3种：全文搜索引擎、目录搜索引擎和元搜索引擎。

　　全文搜索引擎是名副其实的搜索引擎，也是搜索引擎的主流。具有代表性的搜索引擎有 Google、百度搜索等。它们从互联网提取各个网站的网页信息，建立索引数据库，并能检索与用户查询条件相匹配的记录，按一定的排列顺序将查询结果返回给用户。全文搜索引擎利用分词词典、同义词典和同音词典改善检索效果，进一步还可在知识层面或者概念层面上辅助查询，通过主题词典、上下位词典、相关同级词典检索处理形成一个知识体系或概念网络，给予用户智能知识提示，最终帮助用户获得最佳的检索效果。通常，我们所指的搜索引擎都是指全文搜索引擎。

　　全文搜索引擎主要包括如下步骤：第一步是对 Web 信息的获取，即得到网页信息；第二步是对网页内容进行分析、加工和处理；第三步是将查询与加工后的信息内容进行相关度计算，从而为用户提供信息服务。其关键技术主要包括网络爬虫、中文分词、文本索引、结果排序等。

　　目录索引虽然有搜索功能，但严格意义上不能称为真正的搜索引擎，只是按目录分类的网站链接列表。该类搜索引擎通常由人工参与，所以信息质量高，但是人工维护量大，能提供的信息量少，更新不及时。用户可以通过关键词检索，也可以直接依靠分类目录找到需要的信息。

元搜索引擎不具有自己的网页数据库，接受用户查询请求后，由元搜索引擎负责转换处理后提交给多个预先选定的独立搜索引擎，并将从各独立搜索引擎返回的所有查询结果，集中起来处理后再返回给用户。著名的元搜索引擎有 InfoSpace、Dogpile、Vivisimo 等，元搜索引擎主要涉及结果合并、结果排序等关键技术。

目前，在农业领域现有各种网站 2 万多个，涉及农、林、牧、渔、水利、气象、农垦、乡镇企业，以及其他农业部门。在这些海量的信息中，如何搜索一个准确的信息是大家非常关注的问题。因此，针对中文农业网页，中国农业科学院研发了农业专业搜索引擎，实现农业信息的精确搜索，解决农业信息的获得困难问题。

三、云计算技术

云计算是借助网络实现的一种计算模式。随着物联网应用的发展、终端数量的增长，会产生非常庞大的数据流，这时就需要一个非常强大的信息处理中心。传统的信息处理中心是难以满足这种计算需求的，在应用层就需要引入云计算中心处理海量信息，进行辅助决策。

云计算作为一种虚拟化、分布式和并行计算的解决方案，可以为物联网提供高效的计算能力、海量的存储能力，为泛在链接的物联网提供网络引擎和支撑。通过将各种互联的计算、存储、数据、应用等资源进行有效整合来实现多层次的虚拟化与抽象，用户只需要连接上网络即可方便使用云计算强大的计算和存储能力。

（一）云计算的服务层次

根据云计算所提供的服务类型，将其划分为3个层次：应用层、平台层和基础设施层。相应地，各自对应着一个子服务集合：软件即服务（Software as a Service，简写为 SaaS）、平台即服务（Platform as a Service，简写为 PaaS）和基础设施即服务（Infrastructure as a Service，简写为 IaaS）。

1.SaaS

把软件作为一种服务来提供。应用软件统一部署在自己的服务器上，通过浏览器向客户提供软件的模式。SaaS 吸收了网格与并行计算的优点，打破了传统软件本地安装模式，由服务提供商维护和管理软件。目前 Google Apps 和 Zoho Office 等都属于这类服务。

2.PaaS

把开发环境作为一种服务来提供。这是一种分布式平台服务，厂商提供开发环境、服务器平台、硬件资源等服务给客户，用户在其平台基础上定制开发自己的应用程序并通过其服务器和互联网传递给其他客户。PaaS 能够给企业或个人提供研发的中间件平台，提供应用程序开发、数据库、应用服务器、试验、托管及应用服务。

3.IaaS

企业将由多台服务器组成的"云端"基础设施，作为计量服务提供给客户。内存、I/O 设备、存储和计算能力被整合成一个虚拟的资源池，为整个业界提供所需要的存储资源和虚拟化服务器等服务。IaaS 的优点是大大降低了用户在硬件上的开销。Amazon EC2、Blue Cloud 等均是该类的代表产品。

（二）云计算的核心技术

从并行计算、分布式计算、网格到云计算，随着云计算研究的深入，云计算需研究的问题越来越多。

1. 编程模型

在高性能计算还没有完全普及，甚至最专业并行程序的开发都已经大大落后于硬件发展的今天，我们缺少一个通用的编程模型来实现现有程序的并行化。当前比较有代表性的是 Google 和 Hadoop 项目。Google 开发了 Java、Python、C++ 编程工具 MapReduce，它是一种简化的分布式编程模型和高效的任务调度模型，用于大规模数据集的并行运算。MapReduce 不仅仅是一种编程模型，同时也是一种高效的任务调度模型。

MapReduce 模式的思想是将要执行的问题分解成 Map（映射）和 Reduce（化简）的方式，先通过 Map 程序将数据分块后，调度给大量计算机处理，达到分布式运算的效果，再通过 Reduce 程序将结果汇总输出。

该编程模式仅适用于编写任务内部松耦合、能够高度并行化的程序。如何改进该编程模式，使程序员能够轻松地编写紧耦合的程序，运行时能高效地调度和执行任务，是 MapReduce 编程模型未来的发展方向。

MapReduce 是一种处理和产生大规模数据集的编程模型，程序员在 Map 函数中指定对各分块数据的处理过程，在 Reduce 函数中指定如何对分块数据处理的中间结果进行归约。用户只需要指定 Map 和 Reduce 函数来编写分布式的并行程序。当在集群上运行 MapReduce 程序时，程序员不需要关心如何将输入的数据分块、分配和调度，同时系统还将处理集群内节点失败，以及节点间通信的管理等。

2. 海量数据分布存储与数据管理技术

云计算需要对分散的、海量的数据进行处理、分析，因此，数据管理技术必须能够高效地管理大量的数据。云计算的特点是对海量的数据存储、读取后进行大量的分析，数据的读操作频率远大于数据的更新频率，云中的数据管理是一种读优化的数据管理。因此，云系统的数据管理往往采用数据库领域中列存储的数据管理模式，将表按列划分后存储。

云计算系统中的数据管理技术主要是 Google 的 BT（BigTable）数据管理技术和 Hadoop 团队开发的开源数据管理模块 HBase。BT 是一个大型的分布式数据库，与传统的关系数据库不同，它把所有数据都作为对象来处理，形成巨大的表格，用来分布存储大规模结构化数据。

3. 虚拟化技术

通过虚拟化技术可实现软件应用与底层硬件相隔离，它包括将单个资源划分成多个虚拟资源的裂分模式，也包括将多个资源整合成一个虚拟资源的聚合模式。此外，虚拟化简化了应用编写的工作，使得开发人员可以仅关注于业务逻辑，而不需要考虑底层资源的供给与调度。在虚拟化技术中，这些应用和服务驻留在各自的虚拟机上，有效地形成了隔离，一个应用的崩溃不至于影响到其他应用和服务的正常运行。不仅如此，运用虚拟化技术还可以随时方便地进行资源调度，实现资源的按需分配，应用和服务既不会因为缺乏资源而性能下降，也不会由于长期处于空闲状态而造成资源的浪费。最后，虚拟机的易创建性使应用和服务可以拥有更多的虚拟机来进行容错和灾难恢复，从而提高了自身的可靠性和可用性。虚拟化技术根据对象可分成存储虚拟化、计算虚拟化、网络虚拟化等。

4. 平台管理技术

云计算资源规模庞大，服务器数量众多并分布在不同的地点，同时运行着数百种应用，如何有效地管理这些服务器，保证为整个系统提供不间断的服务是巨大的挑战，云计算系统的平台管理技术能够使大量的服务器协同工作，方便进行业务部署和开通，快速发现和恢复系统故障，通过自动化、智能化的手段实现大规模系统的可靠运营。

四、农业预测预警

依据农业物联网采集的海量数据和作物资料，根据农业预测预警技术，对农业研究对象未来发展的可能性进行推测和估计，对生态环境可能出现不利于农作物或养殖对象正常生长的极端情景时进行提前警示，实现农业预测预警，是农业信息处理、智能处理的重要应用，农业预测预警是调节控制生态环境的前提和基础。

五、农业智能控制

农业智能控制是在农业领域中给定的约束条件下，将人工智能、控制论、系统论、运筹学和信息论等多种学科综合与集成的新兴交叉前沿学科。在农业领域中给定的约束条件下，使给定的被控系统性能指标取得最大化或最小化的控制，从而使自动控制达到更高级的阶段。

六、农业智能决策

农业智能决策是智能决策支持系统在农业领域的具体应用，技术思想的核心是按需实施、定位调控，即"处方农作"，其目标是建立精确农业智能决策技术体系，为农业生产者、管理人员、科技人员提供智能化、精确化和形象直观化的农业信息服务。它综合了人工智能（AI）、商务智能（BI）、决策支持系统（DSS）、农业知识管理系统（AKMS）、农业专家系统（AES）以及农业管理信息系统（AMIS）中的知识、数据、业务流程等内容，通过模型库、方法库、专家库等进行分析、推理，帮助解决复杂决策问题。

智能决策可以使 DSS 更充分地应用人类知识，进行多维的知识和数据挖掘和分析，既能处理定量问题，又能处理定性问题，是信息系统的最高层次。它的应用使信息资源的价值越来越大，数据资源真正成为企业和社会的核心资源。用户利用农业智能决策模型可得到基于农田地块的地力信息，进行农田肥力分析以及品种、灌溉、饲料配方、作物产量等方面的专家智能决策，获得对生产进行精细管理的实施方案。农业智能决策在提高广大农民和基层农业技术人员的科学技术水平，指导农民科学种田，实现优质、高产、高效，发展可持续农业方面越来越显示其巨大作用，具有重要的实用价值。

七、农业诊断推理

农业诊断是指农业专家根据诊断对象所表现出的特征信息，采用一定的诊断方法对其进行识别，以判定客体是否处于健康状态，找出相应原因并提出改变状态或预防发生的办法，从而对客体状态做出合乎客观实际结论的过程。

农业诊断对象是由生活在大自然环境中的植物（或

者动物）构成的生态系统，主要包括畜禽、水产品、农作物、果树等农业生产物。植物（动物）直接或间接受到周围环境的影响，另外还受自然环境、人为因素的影响。因此，在诊断中要重视环境对植物体（动物体）本身的影响，避免割断联系的、静态的认识和分析方法上的缺陷。

八、农业视觉信息处理

农业视觉信息是农业物联网中众多信息的一种，是利用相机等图像采集设备获取的农业场景图像，如水果品质检测图像、棉花异性纤维检测图像、鱼病诊断图像等。农业视觉处理是指利用图像处理技术对采集的农业场景图像进行处理，从而实现对农业场景中的目标进行识别和理解的过程。通过对采集的农业视觉信息进行增强，得到易于后续图像处理的图像；通过对增强后的图像进行分割，实现目标与背景的分离，得到目标图像；通过对目标图像进行特征提取，得到关于目标的颜色、形状、纹理等特征；通过构造恰当的分类器，利用得到的特征向量，实现目标的分类。农业视觉信息处理系统则通过构建相应的图像采集子系统、图像处理子系统、图像分析子系统、反馈子系统等实现农业视觉信息的综合利用。

第二节　信息处理技术体系框架

现代农业对农业信息资源的综合开发利用需求日益迫切，单项信息技术往往不能满足需求。随着数据库、系统模拟、人工智能、管理信息系统、决策支持系统、计算机网络及遥感、地理信息系统和全球定位系统等单项技术在农业领域的应用日趋成熟，各种信息技术的组合与集成越来越受到人们的关注。

农业信息处理技术在农业物联网中的应用主要分为三个层次，即数据层、支撑层和应用服务层，如图11-1所示。

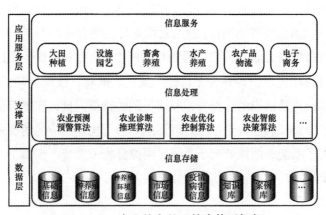

图 11-1　农业信息处理技术体系框架

（一）数据管理

数据层实现数据的管理。数据包括基础信息、种养殖信息、种养殖环境信息、模型库、知识库等。由于数据库储存着农业生产要素的大量信息，这为农业物联网系统的查询、检索、分析和决策咨询等奠定了基础。为了实施农业生产的监测、诊断、评估、预测和规划等功能，必须根据信息农业的需要研制与开发农业专业模型，并建立模型库，而且还要实现图形数据库、属性数据库和专业模型库的链接，并对所需确定和解决的农业生产与管理问题做出科学合理的决策与实施。

（二）农业应用支撑

农业应用支撑是组织实施信息农业的技术核心体系，一般包括：

农业预测预警系统，实现对农作物生长面、长势及灾害发生的检测，农业灾害监测、预报、分析与评估；

农作物长势监测与估产信息系统，包括小麦、水稻等主要粮食作物和果树、棉花等主要经济作物的长势监测和农业作物产量预测等；

动植物生长发育的模拟系统，动植物生长环境的模拟等；

农产品营销网络系统，包括各类农产品的市场信息及其不同区域间的平衡预测；

农业智能决策等系统。

（三）农业信息应用

农业信息处理技术广泛地应用于大田种植、设施园艺、畜禽养殖和水产养殖等农业领域，涵盖了农业产业链的产前、产中、产后的各个方面，为用户提供农业作业的优化精准、自动控制、预测预警、管理与决策、电子商务等服务。

随着信息技术的飞速发展，农业技术的不断普及，农业知识的不断更新，研究智能化农业信息处理技术在农业中的应用将具有更深远的探索意义。

农业信息处理技术的发展趋势有以下几个特点：

• 集成化。目前较流行的是 GIS 与作物模型技术、遥感与 GIS 技术、决策支持系统与专家系统的集成以及作物模型、专家系统、信息系统三者的结合等。

• 专业化。即针对农业生产中的某一种具体作物，或某一项具体农艺措施，建立计算机应用系统以进行生产管理。如已研制成功的棉花集成管理系统，在提高棉花产量中发挥了很大作用。另外，专业化的农业应用软件还具有可适用于不同生产级别生产管理的特点，更能经济、有效地确保农业生产。

• 智能化。智能化是信息处理技术的一个重要功能，即应用人类知识和信息技术的强大处理能力对获取的信息进行解释、推理和决策，是人类思维的延伸。智能化系统的研究和在农业工程中的应用，使农业决策者获取信息知识、推理策略、优化模拟、评估预测等更加自动化。从研究进展上，农业发展智能化是现代信息技术发展的必然，这也是计算机技术和网络技术发展和应用的结果。

第三节 农业预测方法

一、农业预测的基本原则

农业预测作为预测的一部分，遵循以下基本原则。

（一）惯性原则

任何事物的发展都与其过去的行为有着一定的联系。过去的行为不仅影响到现在，还影响到未来，这表明，任何事物的发展都带有一定的延续性，即惯性。惯性越大表明过去对未来的影响越大，反之亦然。惯性原则的存在，不仅为预测方法提供了思路，也为预测的可行性提供了一定的理论基础。

（二）类推原则

所谓预测的类推原则，即许多事物的发展规律有着相似之处，用一个事物的变化规律来类推另外一个事物的变化规律。应用这一原则可使我们的预测工作大大简化，在预测中常常采用经验曲线来进行预测，这就是以类推原则作为理论依据的。

（三）相关原则

相关原则是研究事物发展复杂性的一个必不可少的原则。任何事物的发展变化都不是孤立的，都是与其他事物发展变化相互联系、相互影响而确定其运动轨迹的。相关性有多种表达形式，其中最为广泛的是因果关系。即任何事物的发展变化都是有原因的，其变化状况是原因的结果，相关回归预测模型就是以这一原则为前提的。

（四）概率推断原则

由于各种因素的干扰，常常使事物的各个方面的变化呈现出随机形式。随机变化的不确定性往往给预测工作带来很大的困难，这时就需要应用随机方法对一些不确定的问题进行研究，并探讨预测方法。这种依据概率进行推断的原则就是概率推断原则。

（五）质、量分析相结合原则

质、量分析相结合是指预测中要把量的分析（定量预测法）与质的分析法（定性预测法）相结合起来使用，才能取得良好的效果。

预测方法的选择和预测模型的建立都是以预测的原则为依据的。在实际预测过程中往往是根据预测对象的特点，选择相应的预测原则而构造预测模型。当然，预测原则的使用有一定的条件。因此，对预测原则的掌握是预测模型建立的基础。

二、农业预测模型选择

预测作为现代精准农业的重要手段和工具，完备的数据源和选择适宜的数学模型是提高农业预测精度的关键。为了达到对某个系统的实施进行决策的目的，应该运用定性与定量相结合的方法进行分析，如何选择合理的数学模型进行预测对象分析是其中的关键问题。对于这一过程有如下几个要求：

以定性分析为先导；

以管理决策为根本目标；

以科学方法论为理论指导；

以数学模型为主要工具。

为此，从系统论的观点出发，建立预测的数学模型首先最重要的是确定四个问题：明确研究对象，研究对象的属性，研究对象的活动和研究对象所处的环境。

在建立数学模型的过程中，如果研究对象的机理比较简单，一般用静态、线性、确定性模型等描述就能达到建模目的，基本上可以使用初等数学的方法求解和构造这类模型。当描述实际对象的某些特性随时间或空间而演变的过程，分析它的变化规律，预测它的未来形态时，要建立对象的动态模型，通常要用到微分方程模型。研究系统运行的过程并对其中有典型意义的问题进行优化，从而找出共性相关的问题时可以采用运筹学的方法建立数学模型，其目的使决策者科学地确定其方针和行动，使之符合客观规律，获得最优解。在解决实际农业预测问题的过程当中，不同属性的问题可以采取不同的数学模型与之相对应，但不是数学模型越复杂就越好，要尽可能地使用简单的数学模型。建立数学模型的重点在于问题的解决以及便于理解和接受。

三、农业预测的基本步骤

农业预测并非只是简单地指根据农业资料做出预计推测的行为，而应将其看作一个科学的过程。尤其对农业领域的复杂问题应遵循一定的步骤来进行预测，从而使预测过程更为科学、合理。

一般地说，对于农业预测这一过程的实施一般需要经过以下五个基本步骤。

（一）明确对象，界定问题

在建模前应对农业领域实际问题的背景有一定的了解，对该问题进行深入、全面的调查和研究，收集与该问题相关的数据和资料。对其内在规律有本质上的认识。只有在对所有的资料进行研究和分析之后，明确问题所在，也就是对系统进行可行性分析，才能了解究竟要建什么样的模型以及建模的目的是什么。

（二）归类处理，概念细化

农业领域现实问题错综复杂，要想用一个数学模型把现实问题的各个方面都体现出来是不可能的。只有抓住主要因素和必要因素，忽略次要因素，对所研究问题进行归类处理，尽量简化问题，突出主要矛盾才能在相对简单的情况下，理清变量间的关系，建立相应的数学模型。

（三）建立决策分析模型

这是整个决策过程中十分重要的一环，在具体建模农业预测模型时，要利用具体农业领域应用背景知识，搞清楚变量的性质，变量与变量之间的关系，目标与约束之间的关系等。建立模型需要有两方面的能力：一方面是专业的学习能力，另一方面是良好的判断能力。除此之外还要了解建模的基本要求，例如结构要简洁，要注意分析模型的有效性等。

（四）模型求解和检验

模型求解就是分析人员借助模型获得解决问题有效方法的过程。模型求解的方法包括数值法和分析法，其中数值方法一般是通过某种模型逐步寻找并不断改进的过程来求解，分析方法则是按照数学公式一步到位求出具体的解。把由模型得到的结果同定性分析和实际掌握的情况相对照，可以评判模型本身的好坏，从而为修订模型提供意见。

（五）形成决策报告

决策报告必须建立在决策分析结果的基础之上，以使管理决策者了解和相信决策方案的依据所在。另外，在报告中应该讲清楚决策方案实施过程中需要注意的问题。

四、农业预测的基本方法

（一）农业预测方法的分类

按所涉及范围的不同，可分为宏观预测和微观预测。宏观是指将整个农业发展的总体作为考核对象，研究农业发展中各项指标之间的关系及其发展变化；微观是考核某个农业领域基本组成单元的生长发展的前景，研究个别单元或类别微观农业中各项指标之间的关系和发展变化。

按时间长短的不同，可分为长期农业预测、中期农业预测、短期农业预测和近期农业预测。长期常常是指5年以上的农业前景发展变化的预测；中期指1年到5年的农业发展预测，常常是制订农业生产计划的依据；短期是指3个月到1年之间的农业发展预测，常用于农业生产管理部门制订年、季度计划的依据；近期是指3个月以下的农业预测，如旬、月度计划等。

按预测方法的性质不同，可分为定性预测和定量预测。定性是指预测者根据自己的经验和理论知识，通过调查、了解实际情况，对农业情况的发展变化做出判断和预测；定量是指运用统计模型和方法，在准确、实时调查资料、信息的基础上进行预测，如时间序列预测、因果关系预测等。

按时态的不同，可分为静态预测和动态预测。静态预测是指没有时间变动的因素，对相同时期农业生产指标的因果关系进行的预测；动态预测是指考虑到时间的变化，按照农业发展的历史和现状，对未来情况进行的预测。

第四节　农业预警方法

一、农业预警基本方法

如何建立预警指标体系，并对指标体系进行预警分析，是目前农业预警领域研究较多的问题。总体上说，预警方法可根据所研究的对象、途径、范围分为多种类型。从预警的途径划分一般可以归纳为两大类：定性分析方法和定量分析方法。

（一）定性分析方法

定性分析方法是环境预警分析的基础性方法，定性分析必须以对环境预警的基本性质判断为依据。同时，由于定性分析方法是一种实用的预警方法，尤其是在预警所需资料缺乏，或者影响因素复杂，难以分清主次与因果，或主要影响因素难以定量分析时，定性分析方法则具有很大的优点，适用于对环境影响、环境发展的大趋势与方向之类的问题进行预测和报警。常用的定性分析方法有德尔菲法、主观概率法等。

（二）定量分析方法

根据实际经验，预警系统只有建立在定量的基础上才具有较强的可操作性。总体来看，预警的定量分析方法可以分为统计方法和模型方法两大类，其中数学模型方法预警最为常见，也是预警研究的核心。

二、农业预警的逻辑过程

预警的基本逻辑过程包括明确警义、寻找警源、分析警兆、预报警度以及排除警情等一系列相互衔接的过程。这里明确警义是大前提，是农业预警研究的基础，而寻找警源、分析警兆属于对警情的因素分析及定量分析，预报警度则是预警目标所在，排除警情是目标实现的过程。

以水产养殖水质预警为例，其具体的预警逻辑过程如图 11-2 所示。

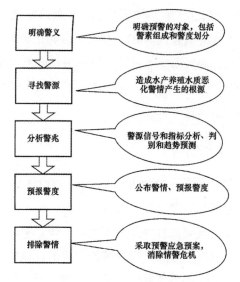

图 11-2　水产养殖水质预警的逻辑过程

（一）明确警义

明确警义，即确定警情，是预警的起点，警情是事物发展过程中出现的异常情况，在开始预警之前必须先明确警情。警情可以从两个方面考查，一是警素，即构成警情的指标，即水产养殖用水由哪些指标来构成警情；二是警度，即警情的严重程度都有哪些，如集约化水产养殖的水质预警的警度可以分为无警、轻警、中警、重警等。

（二）寻找警源

寻找警源，即寻找警情产生的根源。导致集约化水产养殖水质警情发生的原因主要有：水源水质出现问题，导致入水的盐度、pH 等参数不合格；水源的水处理设备出现问题，导致溶氧过低、pH、盐度不合标准；外界环境发生重大变化，如气温突然升高、气压突然降低等现象导致水池水质发生变化；其他设备问题，如增氧设备发生问题、入水水泵发生问题等。

（三）分析警兆

警兆是处于萌芽状态的警情，是警情爆发之前的先兆，分析警兆是预警过程中的关键环节。从警源的产生到警情的爆发，其间必有警兆的出现。一般，不同的警情对应着不同的警兆。警兆可以是警源的扩散，也可以是警源扩散过程中其他相关的共生现象。一般来说，同一警情指标往往对应多个警兆指标，而同一警兆指标可能对应多个警情指标。

警情指标发生异常变化之前，总有一定的先兆（即警兆），这种先兆与警源可以有直接关系，也可以有间接关系；可以有明显关系，也可以有隐形的关系。警兆的确定可以从警源入手，也可以依经验分析警兆及其报警区间，便可预报、预测警情。如盐度出现逐步下降趋势、溶氧的变化规律曲线出现异常等，这些现象往往预示警情的发生。

（四）预报警度

预报警度是预警的目的，在水产品疾病预警中，首先根据在警情确定时所得出的预警警限，通过对各类指标的分析，确定每一时期的警级大小，然后根据过去的各种指标预测未来某一时刻的警级，并实时报告当前预警警度（状态预警）、未来预警警度（预测预警）和各因素变化趋势（趋势预警）等。

（五）排除警情

排除警情是指根据已经确定的警级大小，研究应对策略，并且针对每一种警情，都给出相应的对策建议，以消除警情。对于水质预警来说，就是按照"预防为主，综合防治，防重于治"的原则，通过分析当前水产养殖水质本身和各种因素的影响，确定警情的严重程度和水质的特征，向用户提供预警预案以及防治措施建议，并最终达到将警情消除的目的。

第十二章

农业物联网系统集成与展望

第一节　农业物联网系统集成原则

一、实用性原则

实用性就是能够最大限度地满足实际工作要求，是任何系统在建设过程中所必须考虑的一种基本指标。对于农业物联网来说，它是对农户、农业合作社、农业龙头企业、消费者等用户的最基本承诺。例如绿色农产品质量安全溯源、农情信息监测、畜禽水产智能化健康养殖等都是为了实现农业生产的高产、高效、优质、生态、安全，提高农业综合效益，让消费者能够吃得放心。另外，全部人机操作设计均应充分考虑不同用户的实际需要；用户接口及界面设计将充分考虑人体结构特征及视觉特征，进行优化设计，操作尽量简单、实用，便于农民学习使用。

二、先进性原则

考虑到电子信息及软硬件技术的迅速发展，系统集成时在技术上要适当超前，采用当今国内、国际上最先进和成熟的农业信息获取技术、传输和处理技术以及计算机软硬件技术，使建立的系统能够最大限度地适应今后技术发展变化和业务发展变化的需要。

例如充分利用农业先进传感技术，多源感知数据融合与分布式管理技术，建立支持农业感知信息增量更新的多维信息组织管理模型；利用数据管理及处理功能构件、分布式农业信息优化服务构件，实现农业信息组织和管理；开发可视化信息融合工具，实现多网、多源农业感知信息的融合服务；利用农业物联网云计算技术，实现资源的高度聚合与共享，支持服务的发现、聚合、协同。

三、可扩充可维护性原则

针对农业物联网地域分布广、运行环境恶劣、运行维护成本高的特点，系统的总体结构设计要结构化和模块化，功能和性能上协调一致，具有良好的兼容性和可扩充性，既可以使不同厂商的传感器和系统集成到同一个平台，又可以使系统在以后得以方便地扩充，并扩展其他厂商的系统。农业物联网上的各项服务之间通过简单、精确定义的接口进行通信，可以不涉及底层编程接口和通信模型，让农民无须考虑复杂的物联网本身。例如，当有设备或传感器发生故障时，通过设备自动报警、平台向农民发送故障短信或运维人员电话指导等方式，就可以实现系统的维护和故障的排除。

四、安全可靠性原则

安全和可靠是对系统的基本要求，也是农业物联网集成工程设计所追求的主要目标之一。由于农业生产环境复杂多变,特别是信息感知和传输环节,要充分考虑系统的可靠性,首先要选用稳定、可靠、集成度高的感知和传输设备,并将所有设备的设备电压、设备状态等信息同步上报到系统平台,若出现故障,能够及时、准确地自诊断、记录和给出解决方法,并向农户、维护人员发送短信,尽快排除。

五、经济性原则

农产品附加值相对较低,农民的收入较低,信息化产品的支付能力比较弱,在满足系统需求和稳定、可靠的前提下,应尽可能选用价格便宜的设备,以便省节投资,即选用性能价格比高的设备。

第二节　农业物联网系统的集成方法

一、感知层集成

由于农业物联网与其他领域应用有不同的特点:农业生产受气候、环境影响大,农作物和畜禽水产品等均具有生命性,农业信息感知有其独特性,结合我国大田种植、设施园艺、畜禽养殖、水产养殖等不用应用领域,针对目前农业物联网感知层缺乏统一标准，农用传感器工作环境苛刻，测量参数繁杂，测试难度较高，接口不统一等问题，以及传感器的不同供电方式、感知范围、感知量程等情况，按照集成的层次分，感知层集成可分为：可同时测量多个参数的集成微型传感器；集成、融合多个传感器的感知节点；传感器同个体标识、无线传感网、视频信息、执行器等的多尺度集成。

（一）集成微型传感器

随着纳米技术、集成电路和微机械加工（MEMS）等技术的发展，为集成制造微型、多参数、低成本的农用传感器提供了技术基础。例如，利用 MEMS 工艺，中国科学院电子学研究所研制了温湿度传感器、温湿压集成传感器、电导率与温度集成传感芯片、风速风向传感器等。

（二）多传感器融合的感知节点

农业物联网需要采集的信息较多，且各种信息间具有某种相关关系，例如水产养殖需要采集水体的溶解氧、pH、温度、氨氮、电导率等，养殖区域的空气温度、湿度、风速、太阳辐射等气象信息，这些参数并不是相互独立的。因此，针对大田种植、设施园艺、畜禽养殖、水产养殖等不同应用和需求，利用嵌入式技术、总线技术、IEEE1451.2 标准等对常用参数的集成检测，不但可以减小传感器的体积、降低成本，还可以对某些参数进行补偿、校正等。例如对海水监测中浊度、叶绿素 a、溶解氧、温度传感器进行集成设计；利用 CAN 总线集成照度、风速和雨量检测于一体的集成式气候传感器。

（三）感知多尺度集成

更高层次的集成就是对各种传感器、音视频图像、多媒体信息、个体标识信息、地理信息和执行机构等集成，主要采用计算机视觉、人工智能、数据融合、无线传感网等技术对分布式、多尺度信息的集成。例如将计算机视觉、图像处理、人工智能和自动化监测技术集成一体，利用摄像头对鸡舍全程监测，并集成温湿度监测和鸡蛋智能计数功能；基于远程监控的农业气象自动采集系统，集成了降水量、空气温度、空气湿度、风速、风向、光合有效辐射、土壤温度、土壤湿度和农作物视频图像信息的自动采集和传输。

（四）集成中需要注意的问题

除了需要考虑传感器输出、接口等不同，针对不同的农业现场应用环境，在制定集成方案时，要结合当地气候、环境和现场供电、网络信号等不同情况，采用特定的集成方案。下面给出几个需要注意的问题及解决方法。

（1）多传感器集成选择及标定问题。多参数、多传感器集成时，尽量选择检测原理相同或相似、测量范围和精度基本一致、各参数可相互校正补偿等特点的进行集成，例如空气温湿度、风速、风向、土壤水分和电导率等，这样也有利于参数的标定与校准。

（2）封装问题。农业现场环境比较恶劣，特别是水质传感器易受腐蚀、生物附着、污染等，集成封装时要考虑各个参数的特点、安装位置、清洗、校准方式等。

（3）能耗问题。由于农业现场的电源问题，宜采用电池和太阳能供电，并采取一些低功耗元件和通过软件设置低功耗工作方式等，尽可能降低传感器的能耗。

二、传输层集成

传输层集成就是根据农业环境和应用的需要，运用系统集成方法，将各种网络设备、基础设施、网络系统软件、网络基础服务系统和多种传输方式等组织成为一体，使之能组建一个完整、可靠、经济、安全、高效的信息传输网络。网络集成涉及的内容主要包括网络体系结构、网络传输介质、传输互联设备、网络交换技术、网络接入技术、网络综合布线系统、网络管理与安全及网络操作系统等。

农业物联网网络集成同其他物联网相同，关键是结合农业领域特点，构造适合的体系结构，选择适当的网络传输介质、互联设备、网络交换技术、接入方式等，在传输标准方面要结合国际标准，选用具有标准接口、协议的设备和组件。例如，在空间信息获取无线传感器网络和数据传输设备方面，针对大田、设施园艺、畜禽、水产等不同种养殖环境，研究网络节点空间部署、节能控制、自组织传感器网，低成本实时信息处理系统、多传感信息融合、个性化人机交互界面技术等。

针对农业物联网特点，下面给出一些网络集成时需要注意的问题。

（1）针对农业参数采集信息的特征多样性，合理部署无线节点，并选取合适的传输网络，实现网络的连通性覆盖，并保证信息的高效、可靠传输。例如，采集大田的土壤环境信息，在保证采集信息满足要求的前提下，充分考虑网络部署和传输功率，并且要考虑到作物生长的不同时期对传输距离的影响。

（2）无线节点的能耗管理，针对传感器网络节点能量条件的限制，采用能量高效的数据路由协议、高效的网络编码方法。通过优化 MAC 层协议提高转发节点数据流向的选择效率，减少冲突与数据丢失；通过网络编码减少数据流，提高网络的容量及效率，减少网络延迟。

（3）针对农业物联网传感器节点间数据的相关性，研究不同传感器节点间的协同与数据融合，进一步减少网络数据流量，提高传输效率。

三、农业物联网平台集成

随着对农业物联网的深入了解，大家发现，农业物联网并不是什么新的东西，传统的温室自动控制系统、农业专家系统、精细农业等都是一个个独立的小集成应用系统，只不过还没有做到物物相连。农业物联网的关键就是利用相关技术将现有的小系统和智能系统互联起来。

针对我国农业信息化基础设施薄弱、需求复杂多变、应用模式多等特点，面向农业物联网重大行业应用，构建面向服务的运行支撑平台与集成环境，采用多源信息融合、海量信息分布式管理、智能信息服务等关键技术，形成农业物联网基础软件平台，为现代农业产业技术体系提供强有力的支撑。

构建面向服务的运行支撑平台和集成环境。研究低成本、可裁剪、本地化、轻量级的运行平台构建技术，建立基于微内核和插件体系结构思想的服务基础架构。研究统一的开发、运行与管理框架技术，遵循 SOA 体系架构，集成现有中间件、构件、软件工具等系列产品，构建分布式农业感知信息从信息汇聚、信息存储到信息服务的全方位整合框架；针对各类复杂应用系统粗粒度、松耦合、标准化的集成需求，融合各类中间件的集成技术、对象 / 消息 / 服务总线及各种适配机制，提供集成开发环境与运维管理工具。研发形成面向农业应用支持快速数据集成与业务流程管理的构件、工具与共性服务，探索建立面向服务的运行支撑平台和集成环境的长效运行机制。

研究农业物联网多源信息融合技术，形成信息融合服务。建立统一的层次化表达数据结构和本体标注，为多源农业信息的融合提供标准的格式；研究多源农业异构数据的时空转换与尺度融合、数据聚类与度量、模糊隶属度求解等技术；开发面向多源感知信息的数据抽取构件、数据存储构件、数据转换构件、数据发布构件和数据订阅构件等；研制可视化信息融合工具，对数据集成构件进行装配，形成各类农业感知信息的融合服务。

研究农业物联网海量感知信息分布式管理技术，构建农业物联数据云存储与服务系统。研究支持农业感知信息增量更新的多维信息组织管理模型，提出多层次感知信息管理节点的信息资源复制、备份与发布机制，包括基于信息类型的用户可定制的复制优化技术，高速数据传输、分块数据传输、部分数据的传输、第三方数据传输以及可靠可重启断点续传等资源高效传输机制；研制分布式农业感知信息优化服务构件，实现分布式农业感知信息组织和管理。

研发面向农业物联网重大行业应用的智能信息处理技术与服务。研究农业知识资源组织管理关键技术，形成分布式农业知识资源优化调度、知识元挖掘、农业知识一致性验证与冲突消解、农业知识适配、农业知识转换、协同服务冲突消解等农业知识核心处理构件。研究基于农业知识的智能服务技术，开发农业本体元知识表示、农业知识资源语义检索、底层执行单元管理、个性化知识资源智能推送、分布式知识协同建构等核心智能服务；形成农业资源规划、植物营养与施肥技术、环境监测与评价、生态效益分析、气象观测与预报、灾害预测预报、数字化农作智能决策、土壤含水量诊断、变量施药分析、农产品质量安全管理等农业领域共性服务。

四、农业物联网系统集成

为了构建端到端的物联网解决方案，搭建一个支持全面连接各种感知、控制设备、物理实体、人和应用的网络化应用平台。它主要包括物联网接入网关、物联网应用网关和物联网基础设施管理系统。

其中物联网接入网关位于感知层和传输层之间，利用统一的设备接入框架和技术、本地数据智能技术、端到端的管理和安全技术等，实现各种传感器接入和数据获取，本地智能、数据存储和处理能力，传感器和传感网络管理，安全保障等功能，从而降低设备集成的复杂性，易于管理。

物联网应用网关位于传输层和应用平台之间，它涉及的关键技术有：高效的大规模并发网络连接管理技术，统一的传感器命名、寻址和可达性管理技术，基于策略的数据处理技术，端到端的管理和安全技术，优化的物联网数据管理技术，包括历史数据和实时数据的存储、查询和分析，自适应的流量管理和服务质量管理技术。主要功能是网络连接管理，传感器、控制器的命名、寻址和可达性管理，数据预处理，为数据中心提供安全机制等，从而可以应对不稳定以及大规模并发的网络连接，降低应用开发门槛，缩短物联网应用集成的复杂性，易于管理，实现高性能和可扩展性。

根据物物相连思想，在设计农业物联网方案时，在各层集成的基础上，在感知层、传输层、应用层之间设计一些通用网关，既可以实现各个层次之间的集成，也可以实现对数据的预处理等，从而降低应用开发门槛，易于管理和更好的安全保障。

第三节　农业物联网系统集成案例

本节以系统集成的思想为指导，以集约化水产养殖水质监控设备为对象，针对养殖池塘因水质监控设备故障导致的养殖风险问题，将在线智能诊断技术应用于水质监控系统中，集成开发水产养殖水质监控设备运维系统。

通过需求分析，系统应具有实时监测管理大量的水质监控设备，根据实时采集的信息数据诊断出设备的故障状态并报警等功能，另外，系统应具有灵活的人机界面，维护人员可以在远程方便地观察设备的运行状态，通过该系统远程得到设备的故障状态，以及故障原因和建议维修方法，以降低故障带给养殖户的风险，降低维护人员的工作强度，提高维护的效率。

水产养殖监控系统的结构图如图 12-1 所示，下面简要介绍监控设备诊断系统的设备集成、数据库设计、系统结构和功能。

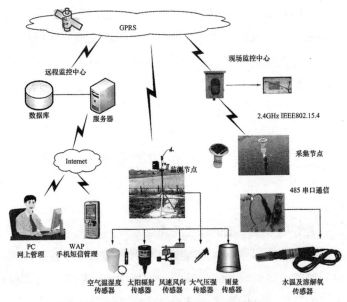

图 12-1　水产养殖监控系统结构图

一、设备集成

　　水产养殖监控设备包括水质传感器、无线采集节点、无线汇聚节点、远程服务器和 WEB 访问端。其中水质传感器、无线采集节点和无线汇聚节点，均是暴露在室外水产养殖池中，面对的是高温、高湿、风吹雨打的恶劣自然环境，水质传感器更是一直在水面 1~1.5m，面对着各种微生物、水草、水中各种化学物质的侵蚀，虽然设备设计得很耐用，但是也可能发生故障，轻微的故障可能导致资源的浪费，严重的故障导致整个系统的瘫痪，威胁水产品的安全，造成巨大的经济损失。水产养殖物联网中选用、集成的设备除了具有基本的功能外，还要具有设备状态、电池电量等信息的记录、传输等功能，并且在接口标准、数据通道等方面要充分考虑便于故障点诊断。

（一）传感器集成

水产养殖需要重点采集的参数有水温、溶解氧、气象信息等。选用的溶解氧传感器包括溶解氧探头、温度电导率探头、信号调理模块、TEDS 存储器、散控制器MSP430、总线接口模块、电源管理模块。通过溶解氧探头采集出水体的溶解氧信号以及通过温度电导率探头采集出温度信号和电导率信号，经过变送电路传给 MSP430单片机的 A/D 输入端，再由单片机根据 TF.DS 存储器存储的 TEDS 参数以及经过处理后的传感器信号计算出溶解氧含量、电导率、温度和盐度，并通过总线接口模块对以上变量进行输出。此方案实现了对溶解氧测量的温度补偿和盐度补偿，具有即插即用功能，校准维护方便，可以满足水产养殖溶解氧的在线检测需求。选用的空气温湿度、风速风向等气象传感器亦具有标准接口、集成度高。

（二）无线采集／控制节点

数据采集节点是无线传感网络中的终端设备，它负责采集水质参数数据并且将数据发送到网络中。数据采集节点由以下几个部分组成：MCU 微处理器模块、ZigBee 无线通信模块、传感器数据采集模块、数据存储模块、电源模块以及电源管理模块。微处理器接收传感器数据采集模块采集到的养殖场水质参数，采集到的数据经 Zigbee 无线通信模块传送到控制节点（中继节点），同时数据采集节点本身带有数据存储模块，可实现数据的本地存储、下载等功能。

（三）无线汇聚节点

系统中使用的无线汇聚节点是针对水质与环境信息无线监控网络多种传输方式并存、传感类型与节点数量多、网络结构复杂易变等问题，具有多模式数据传输技术（无线 ZigBee、GSM/GPRS 等，有线以太网、CAN 总线等），传感器信息融合技术与无线网络节点管理技术，开发运算、处理与通信能力强的无线汇聚节点，实现无线监控网络信息汇聚、融合，向中心服务器发送融合后的各种信息，接收反馈的控制指令，并向指定的无线调控节点转发。

二、数据库设计

故障诊断系统数据库中主要包括设备信息表、设备上报通道配置表、网络信息表、故障信息表，如表 12-1、表 12-2、表 12-3、表 12-4 所示。

表 12-1　设备信息表

字段含义	字段名称	数据类型	功能说明	备注
Id	dev_id	varchar	uuid	主键，唯一
设备编号	dev_no	varchar	唯一的编号	
设备名称	dev_name	varchar		
设备序列号	dev_serial	varchar	厂家序列号	
设备大类	dev_btype	int		枚举类型
设备类型	dev_btype	int		枚举类型
设备型号	dev_model	varchar		
供电方式	dev_powerType	varchar		
所属场景 ID	scene_id	varchar		

表 12-2　设备上报通道配置表

字段含义	字段名称	数据类型	功能说明	备注
Id	dch_id	varchar	uuid	主键，唯一
通道 ID	ch_id	varchar		关联 Gm_Channel 的 ch_id
设备 ID	dev_id	varchar	上报设备的 ID	关联 Gm_Device 的 dev_id
设备地址	dev_addr	varchar	网络中的地址	
数据处理方式	ch_procesStyle	int		
存储周期	ch_MemoryPeriod	int	单位为秒（s）	定时存储时有效

表 12-3　网络信息表

字段含义	字段名称	数据类型	功能说明	备注
Id	net_id	varchar	uuid	主键，唯一
网络编号	net_no	varchar	唯一的编号	
设备 ID	dev_id	varchar		关联 Gm_Device 的 dev_id
网络地址	net_addr	varchar	网络中的地址	
网络类型	net_type	int		
网内角色	net_role	varchar		
连接方式	net_linkSts	int		
应用类型	net_appType	int		
父节点 ID	net_Pid	varchar		
协议类型	net_pltType	int		

表 12-4　故障信息表（智能设备）

字段含义	字段名称	数据类型	功能说明	备注
ID	def_id	varchar	uuid	主健，唯一
智能设备 ID	dev_id	varchar		
故障类型	def_type	int		
故障等级	def_grade	int		3 级
故障发生原因	def_occuReason	varchar		
发生故障时间	def_occurTime	datetime		
解决故障时间	def_dealTime	datetime		
解决故障方法	def_deaMethod	varchar		
通道 ID	ch_id	varchar		
故障描述	def_desc	varchar		

三、系统结构设计

水产养殖水质监控设备故障在线智能诊断系统软件按结构层次划分为数据访问层、应用层和表示层，如图12-2所示。

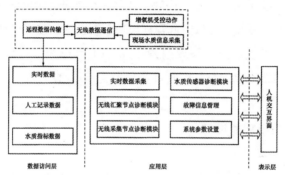

图 12-2 故障在线智能诊断系统软件结构图

本系统分为三大模块，其一是以设备故障诊断为核心的功能模块，其中包括无线汇聚节点诊断模块、无线采集节点模块及水质传感器诊断模块；其二是设备故障报警、地图显示及故障维护模块；其三是故障信息管理模块，即通过故障信息分类存储管理、统计分析及生成报表打印实现上述两个模块在功能和数据上的整合。本系统采用三层架构模式，即数据访问层、应用层与表示层。

（1）数据访问层是系统中的信息获取部分，主要存放三类数据：

①实时数据，即由数据采集模块获取的实时信息，包

括溶氧、水温等水质信息和气象数据等环境信息。

②人工输入数据，包括各种日常维护记录，如故障时间、故障设备 ID、故障现象、故障原因、维护手段等。

③水质指标数据，包括不同养殖环境在不同时间阶段的各种水质指标限值。

（2）在应用层，开发了六个独立模块，即数据采集模块、无线汇聚节点诊断模块、无线采集节点模块、水质传感器诊断模块、故障信息管理模块、系统参数设置模块等。

（3）表示层，采取门户（Portal）等形式，将数据处理后的结果以网页、图表等各种形式显示给用户。

四、系统功能设计

根据系统的需求分析，得到水产养殖水质监控设备故障在线智能诊断系统软件的功能模块设计，如图 12-3 所示。

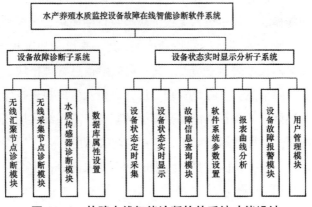

图 12-3　故障在线智能诊断软件系统功能设计

故障诊断软件主要实现如下几项功能：

（1）无线汇聚节点诊断模块实现水产养殖水质监控系统中的无线汇聚节点的故障诊断。无线汇聚节点的状态参数包括心跳频率、GPRS信号强度、无线信号强度、设备电压、供电方式等。

（2）无线采集节点诊断模块实现水产养殖水质监控系统中的无线采集节点的故障诊断。无线采集节点的状态参数包括复位次数、无线信号强度、设备电压等。

（3）水质传感器诊断模块实现水产养殖水质监控系统中的水质传感器的故障诊断。水质传感器的状态参数包括工程值、水温、溶解氧、pH等。

（4）数据库属性设置，实现设备信息数据库属性用户自主设置。设备数据库属性表示无线汇聚节点、无线采集节点与监控传感器之间的关系，字段包括场景编号、设备编号、设备名称、网络编号及运行状态等。

（5）设备状态定时采集，实现定时从水质监控设备中读取设备状态数据，并存入数据库中；获取数据的频率可根据用户设定。

（6）设备状态实时显示，实时察看每个设备的状况，保存水质监控设备运行参数，供报表打印、数据分析使用。当水池的某个监控设备发生故障时，在图上设备的颜色会变成黄色，严重时会变成红色，实现颜色报警，使维护人员及时发现问题，做出处理。

（7）故障诊断系统参数设置。维护人员可以根据养殖场的实际情况修改诊断规则和报警方式，并可根据自己的设备维护经验，自行设定报警的水质指标参数。

（8）故障报警模块根据无线汇聚节点诊断模块、无线采集节点诊断模块、水质传感器诊断模块3个诊断模块，当检测出设备故障后，为维护人员提供页面报警。

（9）故障信息查询模块进行故障信息的查询，查询已发生的故障信息，查询历史故障数据。

第四节　农业物联网发展趋势

农业物联网关键技术与产品的发展需经过一个培育、发展和成熟的过程，其中培育期需要2~3年，发展期需要2~3年，成熟期需要5年，预计农业物联网的成熟应用将出现在"十四五"末期即2025年左右。总体看来，我国农业物联网的发展呈现出技术和设备集成化、产品国产化、机制市场化、成本低廉化和运维产业化的发展趋势。

从宏观来讲，物联网技术将朝着规模化、协同化和智能化方向发展，同时以物联网应用带动物联网产业将是全球各国物联网的主要发展趋势。农业物联网的发展也将遵循这一技术发展趋势。随着世界各国对农业物联网关键技术、标准和应用研究的不断推进和相互借鉴，随着大批有实力的企业进入农业物联网领域，对农业物联网关键技术的研发重视程度将不断提高，核心技术和共性关键技术突破会取得积极进展，农业物联网技术的应用规模将不断扩大；随着农业物联网产业和标准的不断完善，农业物联网将朝协同化方向发展，形成不同农业产业间、不同企业间乃至不同地区或国家间的农业物联网信息的互联互通互操作，应用模式从闭环走向开环，最终形成可服务于不同应用领域的农业物联网应用体系。

随着云计算与云服务技术的发展，农业物联网感知信息将在真实世界和虚拟空间之间智能化流动，相关农业感知信息服务将会随时接入、随时获得。从微观来讲，农业物联网关键技术涵盖了身份识别技术、物联网架构技术、通信技术、传感器技术、搜索引擎技术、信息安全技术、信号处理技术和电源与能量存储技术等关键技术。总体来讲，农业物联网技术将朝着更透彻的感知、更全面的互联互通、更深入的智慧服务和更优化的集成趋势发展。

一、更透彻的感知

随着微电子技术、微机械加工技术、通信技术和微控制器技术的发展，智能传感器正朝着更透彻的感知方向发展，其表现形式是智能传感器发展的集成化、网络化、系统化、高精度、多功能、高可靠性与安全性趋势。

新技术不断被采用来提高传感器的智能化程度，微电子技术和计算机技术的进步，往往预示着智能传感器研制水平的新突破。近年来各项新技术不断涌现并被采用，使之迅速转化为生产力。例如，瑞士一家公司率先推出将半导体芯片（CMOS）与传感器技术融合的 CMOSens 技术，将传感器与变送器有机结合，以及美国霍尼韦尔公司的网络化智能精密压力传感器生产技术。

智能传感器的总线技术现正逐步实现标准化、规范化，目前传感器所采用的总线主要有以下几种：Modbus 总线、SDI-12 总线、l-Wire 总线、I2C 总线、SMBus、SPI 总线、MicroWire 总线、USB 总线和 CAN 总线等。

二、更全面的互联互通

农业现场生产环境复杂，涉及大田、畜禽、设施园艺、水产等行业类型众多，所使用的农业物联网设备类型也多种多样，不同类型、不同协议的物联网设备之间的更全面有效的互联互通是未来物联网传输层技术发展的趋势。无线传感器网络和 5G 技术是未来实现更全面的互联互通的关键技术。基于无线技术的网络化、智能化传感器使生产现场的数据能够通过无线链路直接在网络上进行传输、发布和共享，并同时实现执行机构的智能反馈控制，是当今信息技术发展的必然结果。

无线传感器网络无论是在国家安全，还是国民经济诸方面均有着广泛的应用前景。未来，传感器网络将向天、空、海、陆、地下一体化综合传感器网络的方向发展，最终将成为现实世界和数字世界的接口，深入到人们生活的各个层面，像互联网一样改变人们的生活方式。微型、高可靠、多功能、集成化的传感器，低功耗、高性能的专用集成电路，微型、大容量的能源，高效、可靠的网络协议和操作系统，面向应用、低计算量的模式识别和数据融合算法，低功耗、自适应的网络结构，以及在现实环境的各种应用模式等课题是无线传感器网络未来研究的重点。

三、更深入的智慧服务

农业物联网最终的应用结果是提供智慧的农业信息服务，在目前众多的物联网战略计划与应用中，都强调了服务的智慧化。农业物联网服务的智慧化必须建立在准确的农业信息感知理解和交互基础上，当前及以后的农业物联网信息处理技术将使用大量的信息处理与控制系统的模型和方法。这些研究热点主要包括人工神经网络、支持向量机、案例推理、视频监控和模糊控制等。

从未来农业物联网软件系统和服务提供层面的发展趋势看，主要解决针对农业开放动态环境与异构硬件平台的关系问题，在开放的动态环境中，为了保证服务质量，要保证系统的正常运行，软件系统能够根据环境的变化、系统运行错误及需求的变更调整自身的行为，即具有一定的自适应能力，其中屏蔽底层分布性和异构性的中间件研发是关键。从环境的可预测性、异构硬件平台、松耦合软件模块间的交互等方面出发，建立农业物联网中间件平台、提高服务的自适应能力，以及提供环境感知的智能柔性服务正成为农业物联网在软件和服务层面的研究方向和发展趋势。

四、更优化的集成

农业物联网由于涉及的设备种类多，软硬件系统存在的异构性、感知数据的海量性决定了系统集成的效率是农业物联网应用和用户服务体验的关键。随着农业物联网标准的制定和不断完善，农业物联网感知层各感知和控制设备之间、传输层各网络设备之间、应用层各软件中间件和服务中间件之间将更加紧密耦合。另一方面，随着 SOA、云计算以及 SaaS、EAI、M2M 等集成技术的不断发展，农业物联网感知层、传输层和应用层三层之间也将实现更加优化的集成，从而提高从感知到传输到服务的一体化水平，提高感知信息服务的质量。

参考书目

［1］章家恩.农业循环经济［M］.北京：化学工业出版社，2010.

［2］傅泽田.互联网＋现代农业——迈向智慧农业时代［M］.北京：电子工业出版社，2015.

［3］裴小军.互联网＋农业：打造全新的农业生态圈［M］.北京：中国经济出版社，2015.

［4］中国电信智慧农业研究组.智慧农业——信息通信技术引领绿色发展［M］.北京：电子工业出版社，2013.

［5］江洪.智慧农业导论——理论、技术和应用［M］.上海：上海交通大学出版社出版，2015.

［6］刘东升，宋革联，董越勇.融合物联感知与移动监控的智慧农业公共服务技术研究［M］.杭州：浙江工商大学出版社，2015.

［7］汪懋华，赵春江，李民赞，王纪华.数字农业［M］.北京：电子工业出版社，2010.

［8］吴湘莲，楼平.设施农业物联网实用技术［M］.

北京：中国农业出版社，2015.

　　［9］李道亮.农业物联网导论［M］.北京：科学出版社，2012.

　　［10］何勇，聂鹏程，刘飞.农业物联网技术及其应用［M］.北京：科学出版社，2016